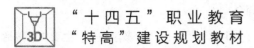

"十四五"职业教育
"特高"建设规划教材

砂型3D打印技术

张敬骥　
佟宝波　主　编

宋　新　赵东明
马　蔷　侯明鹏　副主编

化学工业出版社

·北京·

内容简介

本教材以砂型3D打印铸模加工为主线，设置了4个教学项目、11个教学任务，主要内容包括普通砂型3D打印铸模加工、镂空砂型3D打印铸模加工、砂型3D打印机的使用及设备维护等。本教材配有视频教学资源，读者扫描二维码即可完成学习。

本教材可供职业院校相关专业教学使用，也可以作为企业职工培训教材。

图书在版编目（CIP）数据

砂型3D打印技术/张敬骥，佟宝波主编.—北京：化学工业出版社，2023.6

"十四五"职业教育"特高"建设规划教材

ISBN 978-7-122-43063-2

Ⅰ.①砂… Ⅱ.①张…②佟… Ⅲ.①快速成型技术-职业教育-教材 Ⅳ.①TB4

中国国家版本馆CIP数据核字（2023）第042008号

责任编辑：冉海滢　刘　军	文字编辑：陈立璞　林　丹
责任校对：宋　夏	装帧设计：王晓宇

出版发行：化学工业出版社（北京市东城区青年湖南街13号　邮政编码100011）
印　　装：北京天宇星印刷厂
787mm×1092mm　1/16　印张12¾　字数218千字　2023年7月北京第1版第1次印刷

购书咨询：010-64518888　　　　　　　　　　　售后服务：010-64518899
网　　址：http://www.cip.com.cn

凡购买本书，如有缺损质量问题，本社销售中心负责调换。

定　　价：49.80元　　　　　　　　　　　　　　　版权所有　违者必究

前言
PREFACE

  为贯彻落实《国家职业教育改革实施方案》《北京市人民政府关于加快发展现代职业教育的实施意见》及《北京职业教育改革发展行动计划（2018—2020年）》等文件要求，加强北京市特色高水平职业院校、实训基地（工程师学院）建设，北京金隅科技学校与北京机科国创轻量化研究院有限公司（简称"轻量化院"）合作建设了"国创成形技术工程师学院"，以轻量化院的先进技术——砂型3D打印技术为方向组织编写了本教材（其中清华大学提供了镂空砂型3D打印技术的相关资料）。本教材阐述了砂型3D打印技术的设计原理，突出了其高效率、高精度、高技能的特点。本教材是在在职教师与企业工程师、高校科研人员充分合作下，将企业产品案例优化后设置为教学任务，参照相关职业标准进行编写的，内容既符合教学特点，又贴合企业生产实际。本教材是"国创成形技术工程师学院"建设成果，既可以用于职业院校相关专业教学，也可用于砂型3D打印企业职工培训。

  在本教材编写过程中设置了同步信息化教学资源，在铸造工艺设计和切片设计过程中制作了精良的教学视频，对设计过程进行详细解读，以二维码形式嵌入教学任务，便于学习。

  本教材由北京金隅科技学校的张敬骥、佟宝波任主编，宋新、赵东明、马蔷、侯明鹏任副主编。轻量化院的郭智，清华大学材料学院的刘宝林、康进武，北京金隅科技学校的丁宾、李嵩松、王墨、陈新宇等参与了编写工作。在编写过程中还得到轻量化院潍坊平台徐继福副主任、王志冰工程师的鼎力协助，在此一并致谢。

  由于编者水平有限，书中难免存在不足之处，敬请广大读者批评指正。

编者
2023.1

目录
CONTENTS

项目一 砂型3D打印成形技术基础 /001
  任务一 了解砂型 3D 打印成形技术 /002
  任务二 砂型 3D 打印精密成形机的使用及维护 /009

项目二 镂空砂型3D打印 /017
  任务一 一体化与简单分块铸模的镂空设计及打印 /019
  任务二 支架铸模的镂空设计及打印 /043
  任务三 中间轴承体铸模的镂空设计及打印 /061

项目三 回转类铸模砂型3D打印 /085
  任务一 曲轴铸模的设计及打印 /086
  任务二 底座铸模的设计及打印 /108
  任务三 叶轮铸模的设计及打印 /123

项目四 支撑类铸模砂型3D打印 /141
  任务一 L 型摆头固定件铸模的设计及打印 /143
  任务二 链扣铸模的设计及打印 /166
  任务三 阀台铸模的设计及打印 /183

参考文献 /200

项目一
砂型 3D 打印成形技术基础

项目导入

砂型 3D 打印技术属于增材制造技术，是利用微滴喷射装置喷射黏结剂快速地黏结砂粒获得所需铸型的技术，可以实现复杂砂型（芯）快速制造。本项目主要介绍铸型镂空设计的现实意义和设计步骤，使读者通过学习 3D 打印分层图像生成工具（3DPSlice）完成零件分层的方法，了解系列砂型打印设备的操作流程。

项目目标

1. 了解砂型 3D 打印技术。
2. 了解普通砂型 3D 打印设计原理。
3. 了解镂空砂型 3D 打印技术原理。
4. 了解砂型 3D 打印分层图像生成软件的使用流程。

任务一
了解砂型3D打印成形技术

 任务目标

1. 了解砂型3D打印技术及工作原理。
2. 了解镂空砂型3D打印技术的原理及应用。
3. 掌握分层图像生成软件的使用流程。

 知识准备

一、砂型3D打印技术的发展史

智能铸造因产品设计敏捷多变、工艺灵活可控、生产绿色高效等诸多优势而成为未来铸造技术重要的发展方向，其可通过集成应用数据、通信和控制等方面的技术手段，实现对铸件铸造全流程数字化、精确化、智能化控制。

在智能铸造发展牵引下，3D打印技术与铸造技术的交叉融合发展迎来了良好契机，两者的深度结合不仅提供了替代传统制造的方法，而且驱动了产品的拓扑结构设计，并推动了无模铸型制造技术的快速发展。3D打印技术的应用主要体现在两方面：一是用于打印模样；二是用于打印铸型和砂型。近年来，砂型3D打印技术、机加工制备砂型技术（无模铸型）、模样3D打印技术等已成为推动铸造行业向绿色化、智能化转型发展的核心关键技术。智能铸型系统如图1-1所示。

砂型3D打印技术能够推动CAD/CAE/CAM一体化发展，大幅提高砂型（芯）的设计及生产效率，进而缩短砂型铸造新产品的研发周期，并可降低成本、提高精度，特别适用于中小批量、高复杂度、短期快速等铸造生产实践。未来面向智能铸造和绿色铸造，急需能够满足铸件成形过程可控和轻量化需求的新铸型设计理念和技术。3D打印复杂外形砂型设计如图1-2所示。

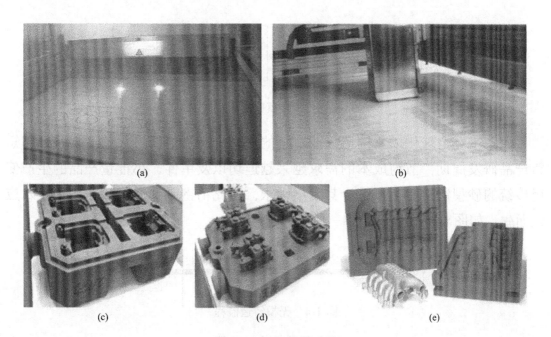

图 1-1 智能铸型系统

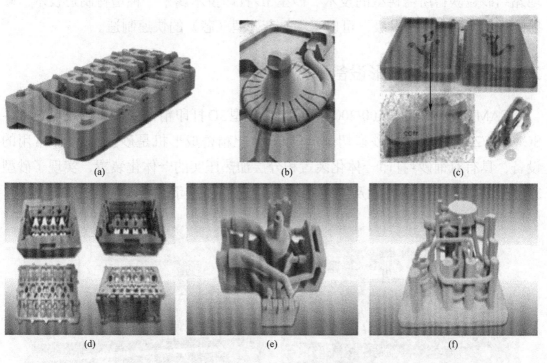

图 1-2 3D 打印复杂外形砂型设计

砂型铸造由于原材料来源广泛、成本低、铸型制造简便、应用合金种类广泛,一直以来都是铸造生产中的基本工艺。传统的砂型铸造工艺,模样、芯盒等模具的设计和加工制造是一个多环节的复杂过程,如图1-3所示。

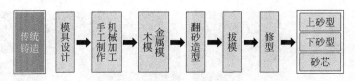

图 1-3　传统铸造流程

随着市场全球化以及制造行业竞争的加剧，产品更新换代速度加快，缩短新产品研发周期，节约成本的需求越来越迫切以及单件、小批量产品的生产使得传统的砂型制造工艺不符合其发展需求，由此精密砂型无模快速铸造技术应运而生，如图1-4所示。

图 1-4　无模铸造流程

基于微滴喷射原理的砂型3D打印技术是利用微滴喷射装置喷射黏结剂快速地黏结砂粒获得所需铸型的技术。砂型3D打印技术属于一种增材制造技术，喷射的微滴体积在皮升量级，可以实现复杂砂型（芯）的快速制造。

二、砂型3D打印成形设备

CAMTC-SMP600/1500/2000等系列化砂型3D打印精密成形机以及CAMTC-SCM600/2000等系列化砂型切削/打印一体化精密成形机是砂型3D打印常用的设备，具有双铺砂-打印一体化装置和分层加热压实的一体化装置，实现了砂型3D打印的高效率、高性能及柔性化制造，如图1-5所示。

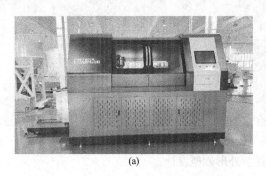
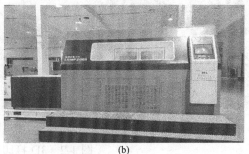

(a)　　　　　　　　　　　　　(b)

图 1-5　CAMTC-SMP600/1500/2000

砂型3D打印成形工艺制造的砂型，强度、发气量及透气性等均达到了铸造砂型的使用要求。针对发动机涡轮壳、航空航天舱体等典型铸件，采用砂型3D

打印工艺实现了大型复杂砂型（芯）的一体化制造，如图1-6所示。

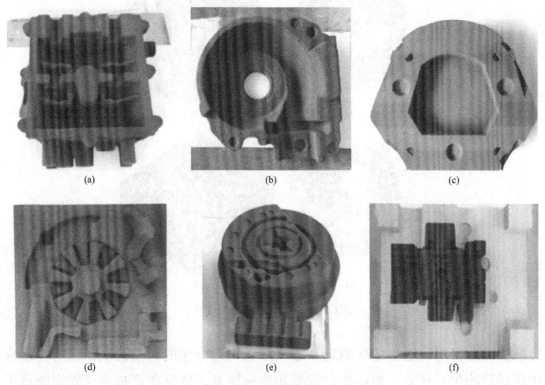

图 1-6　砂型 3D 打印复杂模型

三、铸型镂空设计的现实意义

3D打印技术在铸造中的应用也受到很大的限制，存在成本瓶颈，而镂空铸型可以节省打印材料，缩短打印时间，降低增材制造的成本，将推动增材制造技术在铸造中的推广应用。通过灵巧的镂空结构可以实现铸造过程中按需调控铸型对铸件的冷却能力，并创造出能够进行原位实时监测和闭环控制的空间。另外还可以监控镂空铸型的动态变形，实现铸件成形过程中的反馈控制冷却，调控铸件的组织和性能，进而得到性能优良、无残余应力、无变形的铸件。一体化镂空铸型设计如图1-7所示。

镂空铸型结构除了应保证铸件成形内腔的完整性外，其他原来密实的部分镂空没有任何限制，因此其镂空结构具有多样性。形成铸件的铸型内腔由壳型保证，该壳型不同于一般的壳型铸造的壳型和精密铸造的壳型。

镂空技术将推进智能铸造技术的发展，降低3D打印砂型/芯的成本，提升打印效率，推动增材制造技术的普及，为推动铸造产业结构调整与优化升级创

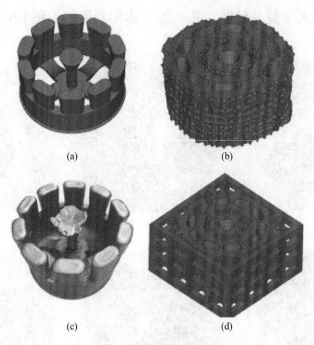

图 1-7 一体化镂空铸型设计

造条件,为实现铸造智能化奠定基础,推动铸造行业的科技进步;同时将改变传统铸造的生产模式,提高生产效率和响应速度,降低生产成本,缩短铸造工艺流程,改善铸造生产作业环境,减少对环境的不利影响。

四、铸型镂空设计步骤

FT-Hollow Core 镂空铸型软件可用于 3D 打印的镂空铸型。镂空铸型的主体为形成铸件内腔的壳型和镂空支撑结构。

镂空设计软件的算法流程分为以下步骤:

(1) 对铸件 STL 模型文件进行有限差分网格剖分;

(2) 基于此网格文件在铸件外部生成壳型结构;

(3) 根据用户输入的工艺参数,在壳型内部添加桁架支撑结构;

(4) 在壳型上添加清砂孔;

(5) 对壳型、桁架镂空结构的尖角部位进行圆角处理;

(6) 将网格文件转换为 STL 格式文件,即得到可直接用于浇注处理的 3D 打印镂空铸型 STL 格式文件。

任务实施

一、3D打印分层图像生成工具（3DPSlice）

3D打印分层图像生成工具（3DPSlice）是为数字化砂型打印精密成形机设计开发的一款三维模型分层图像生成工具。该工具可以将三维模型数据文件（STL格式）转换为数字化砂型打印精密成形机可用的图片（BMP或PNG格式）。图1-8为其工作流程。

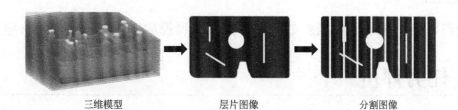

三维模型　　　　层片图像　　　　分割图像

图1-8　3D打印分层图像生成工具工作流程

1. 软件运行环境

Win7（包含）以上64位系统。

2. 数据要求

STL格式三维模型，X、Y、Z坐标均为正值，即位于第一象限，公差设置与切片分层轮廓精度相关。

3. 软件操作

检查设置：图像分辨率360DPI（每英寸的像素）；幅宽默认1000像素。

4. 载入三维模型

打开测试模块，载入砂型模型。

5. 参数设置

模型尺寸设置、切片前参数设置、生成图像前参数设置、三维模型尺寸参数设置。

6. 分层切片

进行分层切片参数设置。

7. 图像生成

完成生成分层图像和幅宽图像，用于打印。

二、墨路系统软件

1. 参数设置

设置 Manifold（墨水压力及温度传感器）到打印喷头的距离（cm）。

2. 参数监控

设置温度、压差、负压参数并监控。墨路调控顺序为负压→压差→温度。

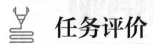

任务评价

任务评价表见表1-1。

表1-1 了解砂型3D打印成形技术任务评价表

评价项目	评价内容	评价标准	配分	综合评分
任务完成情况评价	1. 了解砂型3D打印技术发展史	不达标不得分	10	
	2. 了解砂型3D打印设备	不达标不得分	10	
	3. 了解铸型镂空设计的意义	不达标不得分	10	
	4. 使用3DPSlice软件并掌握操作流程	不达标不得分	20	
	5. 使用墨路系统软件并掌握操作流程	不达标不得分	15	
	6. 使用FT-Hollow Core软件并进行参数设置	不达标不得分	20	
职业素养	1. 遵守课堂纪律，做好安全防护措施	违反一次扣2分	5	
	2. 严格遵守安全生产要求，落实5S管理规范	违反不得分	5	
	3. 具备团结、合作、互助的团队合作精神	违反一次扣2分	5	
总评			100	

任务二
砂型3D打印精密成形机的使用及维护

 任务目标

1. 了解砂型3D打印系统软件的操作流程。
2. 了解CAMTC-SMP600/1500/2000系列砂型3D打印精密成形机的设备操作流程。
3. 掌握3D打印系统的操作方法。
4. 熟悉打印设备的维护保养。

 知识准备

一、打印系统软件的操作流程

操作界面→配置文件检查→打印前检查→开始打印→偏移像素值计算→打印频率计算。

二、软件打印模块的运行流程

打印成形机主要的功能是图片的加载、处理及打印,分为加载图片、打印层数选择、模型分层图片信息、打印参数配置、打印工作信息、打印头状态监控和喷头墨量测试等。

（1）加载图片：操作人员选择需要打印的模型的切片图片。

（2）打印层数选择：操作人员选择开始打印的层数。

（3）模型分层图片信息：指示模型分层图片的相关信息。

（4）打印参数配置：设置打印相关的参数。

打印头行偏置：通过调节喷头喷孔的偏置值使两行喷孔喷出的墨打到一条直线上；打印灰度选择：通过调节打印图片的灰度值调节喷墨量,数值越高喷墨量越多。

（5）打印工作信息：指示自动运行时打印工作的相关信息。

（6）打印头状态监控：指示当前已连接喷头的相关参数。

（7）喷头墨量测试：选择要测试的喷头，加载测试图片后，点击"开始喷墨"按钮，测试喷头的喷墨量。

三、喷墨波形文件配置

其主要功能是配置喷头喷墨时使用的波形文件，并将波形文件写入到控制喷头的硬件中去。此部分设置的是设备核心参数，需要工程师权限才能修改。

四、运行模块记录

其主要功能是显示设备的相关运行信息，主要分为报警信息、运行日志和报警提示等。

（1）报警信息：指示设备当前的报警原因并写入报警文档；

（2）运行日志：记录设备运行及操作过程的信息并写入运行日志文档；

（3）报警提示：指示设备当前的报警种类及数量，并能快速打开相关运行日志文档，方便查找故障原因。

任务实施

一、砂型3D打印设备操作流程

3D打印设备操作流程如图1-9所示。

二、打印控制系统操作

1. 软件操作过程

（1）打开软件Sand3DPrint。

（2）配置文件检查。

（3）打印前检查。运动轴回零检查，运动控制器断电重启后需要将各运动

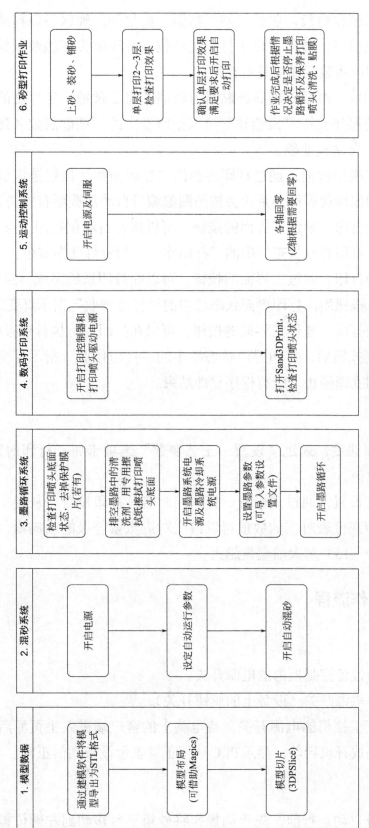

图 1-9 砂型 3D 打印设备操作流程简图

轴回零。原料到位检查，包括原砂、树脂、固化剂，确保各原料满足打印件需求。砂箱到位检查，砂箱需位于打印工作位。打印喷头在线数量检查，检查所有需要的打印喷头数据通信是否正常。

（4）预铺砂。由于砂箱底板黏附力较弱，需要预铺一定厚度的砂。通过打印界面的快捷操作按钮"预铺砂"可以按照设定的预铺砂层数（建议厚度不小于3mm）进行自动预铺砂。

（5）加载模型数据。通过打印界面的"加载图片"按钮选取模型数据文件的任意一张图像加载即可，系统会按照图像编号自动加载所有数据。

（6）开始打印。通过主界面的按钮，可以执行自动化打印。点击"开始/继续"按钮后，打印界面状态栏中的"打印作业"指示灯变为绿色。

（7）暂停打印。通过主界面的按钮，可以在打印系统完成一层打印后暂停。点击"暂停"按钮后，打印界面状态栏中的"打印作业"指示灯变为黄色。

（8）终止打印。通过主界面的按钮，可以在打印任务执行过程中进行终止。点击"终止"按钮后，打印界面状态栏中的"打印作业"指示灯变为红色。此时，所有运动立即停止，所有程序立即结束。

2. 参数设置

更改打印速度，通过"设置→工艺参数"选项卡将"打印时速度(mm/s)"更改为所需数值。

打印灰度设置，通过"设置→打印控制器→打印设置→灰度"进入灰度设置界面，其中灰度表对应的数值可以改变对应像素等级的喷墨量。灰度表中的灰度等级（0～15）越大喷墨量越大。

三、设备操作流程

1. 开机

（1）闭合设备控制柜内的电源开关。

（2）旋开电源开关（设备上的旋钮开关）。

（3）打开工控机的电源开关，待电脑上的客户端进入主页面后再打开打印软件，设备完成开机启动，显示PLC连接正常表示设备通信正常。

2. 设备运行

（1）设备自动运行前，先手动操作将砂箱平台移动到左侧位置，向内调整位置后再移动到右侧,然后将砂箱固定气缸固定,点击砂箱搬运至右进电动机。这是个翻来覆去的过程。

(2)设备初始化。先按下急停键,点击复位报警,然后点击(长按2 s)客户端中的初始化按钮。

(3)操作人员选择需要打印的模型的切片图片,待图片加载完成后,选择打印的层数(默认从第一层开始打印),如图1-10所示。

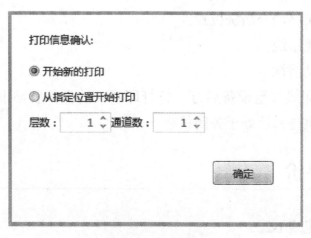

图1-10　打开图片

(4)选择层数之后,确认"上砂""称重混砂""转接槽装砂""铺砂槽装砂""铺砂打印"按钮点亮,如图1-11所示。

图1-11　确认点亮层数

设备运行过程中,点击"停止"按钮设备停止运行;如需急停,可按下面板上的"急停"按钮,设备立即处于停止或急停状态。

产品打印完成后不要立刻将砂箱运出,等待半小时后再操作。先将砂箱初始化,然后将砂箱平台的固定气缸打开,点击砂箱将砂箱运出;砂箱平台到位之后,使砂箱进出电动机停止运行。

3. 关机

(1)如果设备自动运行时需要关机,请按下"停止"按钮,保证打印X轴在检修位置,打印Y轴在原点位置。

(2)关断设备电源。

四、停机维护及设备保养

1. 短时间停机

设备停机在24小时内,如需保持供墨系统开启,建议开启闪喷保护打印喷头。

2. 喷头清洗

(1) 将打印梁移动至清洗位置。

(2) 关闭供墨系统。

(3) 开启自动清洗。

(4) 应将打印梁移至设备后方,将打印喷头的保护膜贴上。在开启清洗开关前,必须确保供墨系统处于关闭状态。

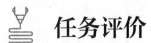 任务评价

任务评价表见表1-2。

表1-2 砂型3D打印精密成形机的使用及维护任务评价表

评价项目	评价内容	评价标准	配分	综合评分
任务完成情况评价	1. 了解打印系统操作流程	不达标不得分	10	
	2. 了解打印模块运行流程	不达标不得分	10	
	3. 掌握喷墨波形文件配置	不达标不得分	10	
	4. 了解模块运行记录	不达标不得分	10	
	5. 操作打印控制系统、Sand3DPrint软件系统	不达标不得分	25	
	6. 砂型3D打印设备的操作及维护保养	不达标不得分	20	
职业素养	1. 遵守课堂纪律,做好安全防护措施	违反一次扣2分	5	
	2. 严格遵守安全生产要求,落实5S管理规范	违反不得分	5	
	3. 具备团结、合作、互助的团队合作精神	违反一次扣2分	5	
总评			100	

高新科技知识拓展

4D打印技术

一、传统3D打印技术

众所周知,与传统的增材制造技术(3D打印)相比,4D打印技术(四维打印)增加了时间维度。采用4D打印工艺制备的结构,可以随着外界环境(光、热、磁、电等)的变化而改变其形状和形态,4D打印具有广阔的应用前景。

增材制造技术主要包含3D打印和4D打印等。其中,3D打印可在打印区域的长度、宽度和高度三个维度成形具有任意复杂形状的构件,它要求构件的形状、性能和功能永远稳定。4D打印则在3D打印的基础上引入了时间维度,通过对材料或结构的主动设计,使构件的形状、性能和功能在时间和空间维度上能实现可控变化,满足变形、变性和变功能的应用需求。这种独特的能力使4D打印技术有望制造出具备颠覆性功能的产品,从而变革产品制造、装配、储存、运输等环节,非常契合国防领域的需求。

二、新型4D打印技术

它是通过各种方式如同叠"砖块"一般将原材料逐层堆叠成形的,具有高设计自由度、无需模具等优点。4D打印采用了经特殊设计和制备的新型材料,使这些"砖块"能够感知外界条件,随之产生形状、性能和功能的变化。可以看出,3D打印用于成形结构或功能构件,而4D打印用于成形智能构件。

未来随着智能材料、智能设计等技术的进一步发展成熟,4D打印在军事领域的应用将更加广泛深入。

三、3D打印与4D打印的区别

3D打印技术是诞生于1984年的快速成形技术,是通过计算机辅助工具将三维数字模型逐层切割为一层层的"薄片",然后将这些虚拟"薄片"的轮廓信息传输到增材制造设备中打印出来,再通过各种方式将它们黏合形成实体。而4D打印技术则更进一步,采用了新型材料和先进的设计技术,使制造出来的实体形状、性能和功能能够可控变化,从而实现特殊功能。如图1-12所示,3D打印和4D打印的主要区别体现在以下三点:

1. 打印材料不同

3D打印技术通常采用形态稳定且不易产生较大形变和性变的热塑性塑料、

金属、陶瓷等材料；而4D打印技术则采用可在特定条件下产生特定形变和性变的可编程材料，从而赋予产品更多的功能。

2. 形变和性变能力不同

3D打印技术力求使制造的产品形状和性能稳定，最大限度地降低产品的形变和性变；而4D打印技术则充分利用了制造完成后产品产生形变和性变的现象，使产品可以根据环境条件变化而产生不同的功能。

3. 设计方法不同

3D打印采用的是实体静态设计，设计人员只需要设计产品的单一形状和性能即可；而4D打印则要求对产品进行动态预测，不仅要设计出产品的最终形状、性能和功能，还要根据材料特性进行材料编程，设计出产品中间的形状和性能。

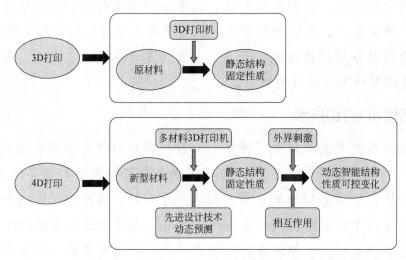

图 1-12　3D、4D 打印比较

❓ 课后作业

1. 3D打印的特点有哪些？
2. 铸型镂空设计有哪些步骤？
3. 简述3D打印分层软件运行的过程。
4. 简述砂型3D打印精密成形机的打印流程。

项目二
镂空砂型 3D 打印

镂空砂型（芯）3D打印技术正推动着智能铸造技术的发展，其不仅能降低砂型（芯）3D打印的成本，为推进铸造产业结构调整与优化升级创造条件，同时也能够改变传统铸造生产模式，为实现智能铸造奠定基础。本项目聚焦镂空砂型（芯）模型的设计生成及打印，以支架、中间轴承体、上拉杆支座三个零件为载体设置了教学任务，介绍了一体化镂空砂型和分块镂空砂型（芯）模型的设计生成原理及基本步骤，以使读者能够开发出适用于3D打印工艺的一体化镂空砂型或者分块砂型（芯）模型，掌握一体化镂空砂型设计软件及分块砂型（芯）镂空设计软件的基本使用方法，并可通过切片法查看所设计生成的一体化镂空砂型或分块镂空砂型（芯）模型的设计生成质量。

1. 了解智能铸造技术发展前沿、砂型（芯）镂空设计及其3D打印技术。
2. 了解镂空砂型（芯）3D打印技术发展现状及其现实意义。

3. 了解一体化（整体式）镂空砂型的设计生成原理、方法。

4. 了解分块式砂型（芯）镂空设计的原理、方法。

5. 能使用FT-Hollow Mold软件完成典型零件的一体化镂空砂型铸模、支架铸模、中间轴承体铸模的设计生成。

6. 能使用FT-Hollow Core软件完成一体化镂空铸模、支架铸模、中间轴承体铸模的分块砂型或砂芯模型的镂空设计。

7. 能使用软件对一体化镂空砂型或者分块式砂型（芯）模型、支架铸模、中间轴承体铸模进行分层切片，以检查其设计生成质量。

任务一

一体化与简单分块铸模的镂空设计及打印

 任务布置

应力框常用于测量铸件残余应力的大小，在实验教学和工程测试中应用较为广泛。本任务将围绕典型应力框铸件一体化镂空铸型的设计及模型生成过程，并结合简单分块式铸型的镂空设计过程，重点介绍FT-Hollow Mold 和 FT-Hollow Core 铸型镂空设计软件的基本使用方法。

 任务目标

1. 了解镂空铸型技术及其现实意义。
2. 了解应力框铸件一体化镂空铸型设计的原理。
3. 了解简单分块式铸型镂空设计的原理。
4. 能使用FT-Hollow Mold软件完成应力框铸件的一体化镂空铸型设计。
5. 能使用FT-Hollow Core软件完成简单分块式铸型的镂空设计。
6. 能使用FT-DISP软件对镂空铸型模型进行分层切片，以检查其设计生成质量。

 任务实施

一、应力框铸件一体化镂空铸型设计

简单带铸造工艺的应力框铸件模型如图2-1所示。其中，应力框包含中间区域的粗杆和边缘区域的两根细杆，两端由两根粗连杆将两根细杆和一根粗杆连接。

基于有限差分方法（FDM）的应力框铸件的一体化镂空砂型设计主要包括基本参数的设置、网格步长的设置、内层壳厚度的设置、壳套壳结构参数的设置（可选）、加强筋结构参数的设置（可选）、桁架结构参数的设置（可选）等。

典型的一体化镂空铸型模型如图2-2所示。设计过程中，应根据铸件的形状结构特点确保设置的镂空方法和参数正确合理，从而生成性能合适的铸型以保证铸件的浇注质量。设计具体步骤如下：

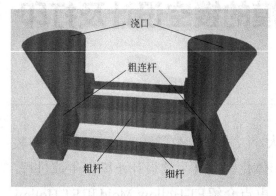

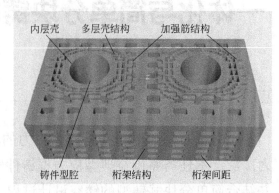

图 2-1　带铸造工艺的应力框铸件模型　　　图 2-2　典型的一体化镂空铸型模型（有剖切）

1. 打开FT-Hollow Mold镂空设计软件

镂空设计软件的操作界面如图2-3所示，主要包括基本参数区、功能结构设计参数区以及进度显示控制区。

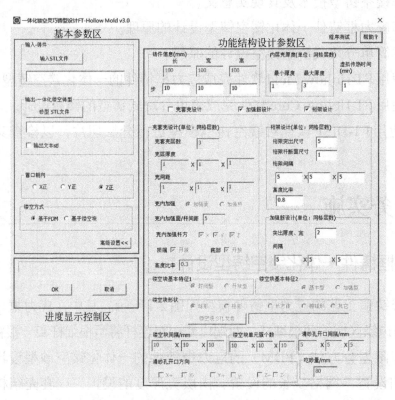

图 2-3　FT-Hollow Mold 铸型镂空设计软件操作界面（1）

2. 设置镂空设计输入输出路径及类型基本参数

（1）设置存储路径　首先设置应力框铸件模型STL格式文件的存储路径，然后设置拟生成并输出的一体化镂空铸型的存储路径。软件默认输出一体化镂空铸型STL文件的二进制存储格式，其文件名体例为输入铸件的文件名+HollowB；若勾选"输出文本stl"前的复选框，则增加输出一体化镂空铸型STL文件的文本型存储格式，其文件名体例为输入铸件的文件名+HollowA，如图2-4所示。

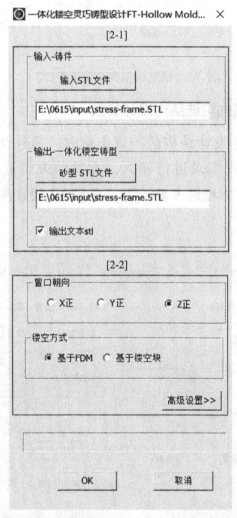

图2-4　镂空设计输入输出路径及类型基本参数设置界面（1）

（2）设置冒口方向　铸件的冒口方向应为Z方向正向，因此选择"Z正"；镂空方式选择"基于FDM"，然后点击"高级设置>>"按钮，进入镂空参数设置面板。

3. 根据应力框铸件的基本尺寸和形状特点信息合理设置步长参数和内层壳厚度参数

步长参数指每个方向上的网格尺寸大小,软件默认设置为每个方向60层网格;内层壳最小厚度和最大厚度分别为2层和3层网格。虚拟传热时间软件默认为1min。其操作界面如图2-5所示。

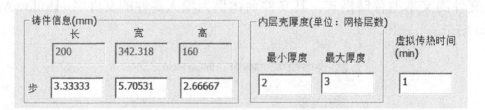

图2-5 镂空铸型参数设置界面(1)

4. 设置一体化镂空铸型的可选结构设计参数

当勾选了相应可选设计结构前的复选框时,其包含的参数设置输入文本框被激活,可根据用户需求进行输入;而其他未勾选复选框的可选设计结构,其参数设置输入文本框则未被激活,不可输入设计参数,界面显示为灰色,如图2-6所示。

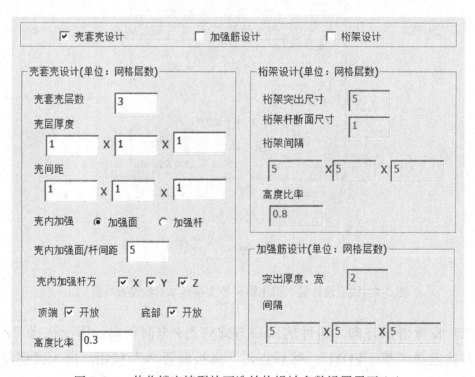

图2-6 一体化镂空铸型的可选结构设计参数设置界面(1)

（1）壳套壳结构一体化镂空铸型设计　壳套壳结构一体化镂空铸型的设计参数如图2-7所示，其他参数如步长参数、内层壳厚度参数、虚拟传热时间等则选用软件默认的设置参数。预期的设计结果如图2-8所示。

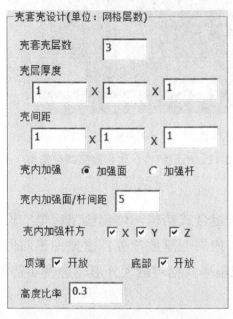

图 2-7　壳套壳结构一体化镂空铸型设计参数

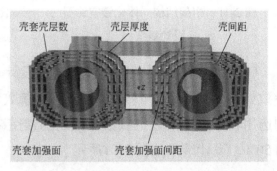

图 2-8　壳套壳结构一体化镂空铸型模型（剖切显示）

（2）加强筋结构一体化镂空铸型设计　加强筋结构一体化镂空铸型的设计参数如图2-9所示，其他参数如步长参数、内层壳厚度参数、虚拟传热时间等则选用软件默认的设置参数。预期的设计结果如图2-10所示。

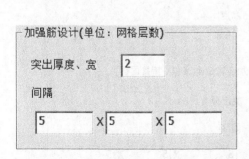

图 2-9　加强筋结构一体化镂空铸型设计参数

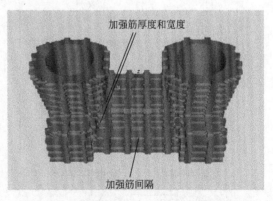

图 2-10　加强筋结构一体化镂空铸型模型（剖切显示）

（3）桁架结构一体化镂空铸型设计　桁架结构一体化镂空铸型的设计参数如图2-11所示，其他参数如步长参数、内层壳厚度参数、虚拟传热时间等则选用软件默认的设置参数。预期的设计结果如图2-12所示。

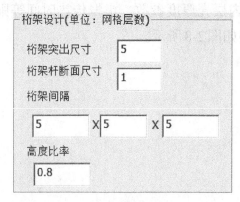

图2-11 桁架结构一体化镂空铸型设计参数

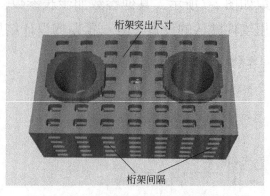

图2-12 桁架结构一体化镂空铸型模型（剖切显示）

（4）组合式结构一体化镂空铸型设计　组合式结构一体化镂空铸型的设计参数如图2-13所示，其他参数如步长参数、内层壳厚度参数、虚拟传热时间等则选用软件默认的设置参数。预期的镂空减重率（相对最大外形轮廓密实铸型）为50%，设计结果如图2-14所示。

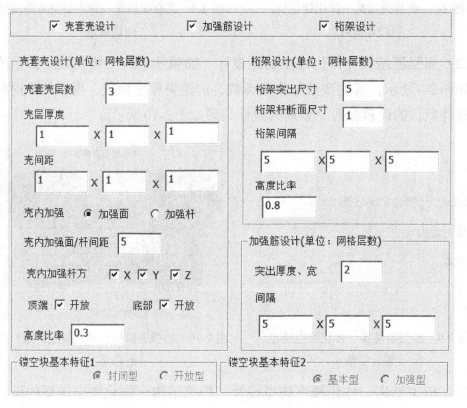

图2-13 组合式结构一体化镂空铸型设计参数

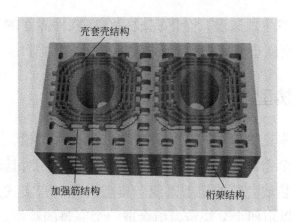

图 2-14　组合式结构一体化镂空铸型模型（剖切显示）

5. 镂空设计参数设置完成

点击"OK"按钮，软件会自动进入镂空设计进程，如图2-15所示。进度条

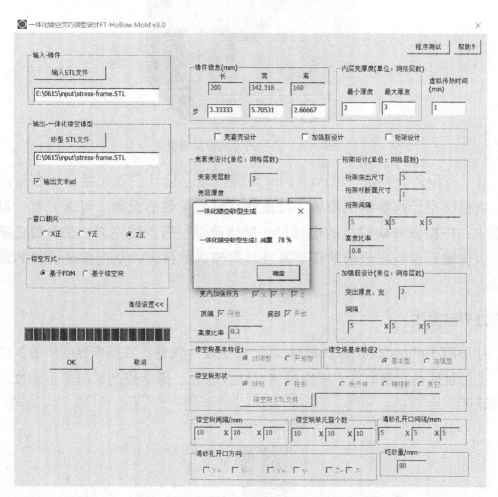

图 2-15　一体化镂空铸型自动生成进度及完成后信息提示（1）

显示镂空设计及模型生成进度,全部完成后会在软件界面的中部区域弹出镂空结果信息,包含镂空减重率(相对最大外形轮廓密实铸型)。

二、典型分块式铸型镂空设计

铸型系统采用常见的分块式设计,如单独设计出上模、下模、芯子等,则可根据铸型系统各个组件的实际尺寸情况,有选择性地对其进行镂空操作,生成镂空结构后再组装成完整的铸型系统。典型的传统密实式分块铸型几何模型如图2-16所示,可以由四个分块铸型组合成一个完整的铸型。

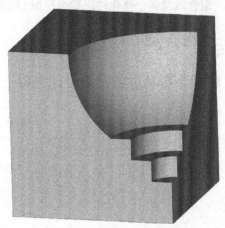

图2-16 典型的分块铸型模型

基于有限差分方法(FDM)的分块铸型镂空设计主要包括基本参数的设置、内部镂空结构参数的设置、自由镂空结构参数的设置(可选)等。设计过程中,应根据分块铸型的形状尺寸特点确保设置的镂空方法和参数正确合理,以使随后组装在一起的铸型系统具有较好的性能,从而保证铸件的浇注质量。

1. 完成界面操作

打开FT-Hollow Core分块铸型/芯子镂空设计软件。其操作界面如图2-17所示,主要包括基本参数区、镂空结构设计参数区、操作控制区以及手动修改镂空设计区。

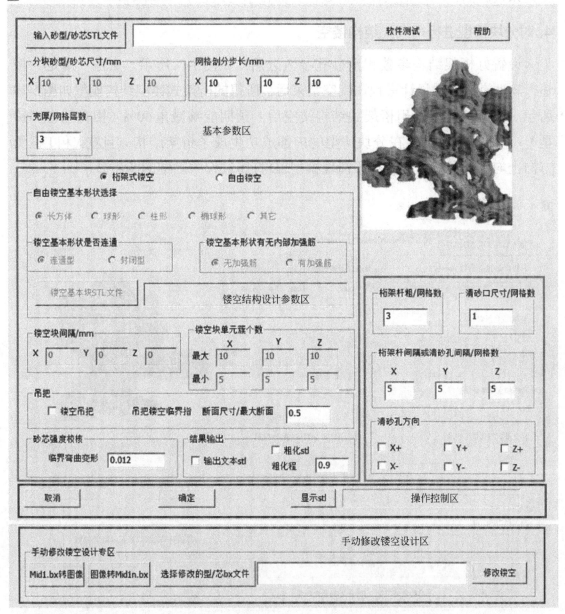

图 2-17　FT-Hollow Core 分块铸型/芯子镂空设计软件操作界面(1)

2. 设置存储路径

输入分块铸型 STL 模型文件的存储路径，设置网格剖分步长、壳厚度等参数。

3. 按需要选择桁架式镂空或者自由镂空方式

当勾选了"桁架式镂空"前的复选框时，其包含的参数设置输入文本框被激活，可根据需求进行输入；而未勾选的自由镂空方式，其参数设置输入文本框则未被激活，不可输入设计参数，界面显示为灰色。

4. 对分块铸型进行桁架式结构镂空

设置好桁架结构参数和清砂孔参数之后，如图2-18所示，点击"确定"按钮，软件进入自动设计进程。镂空结束后，所得的桁架式镂空结构模型如图2-19所示。该分块铸型采用桁架式结构镂空后，预期能够减重60%（相对纯密实铸型）。同时，可以看到在分块铸型的内部成功生成了桁架结构，且在X和Y正负方向上均生成了清砂孔，用于清理模型3D打印过程中黏结的游离砂子。

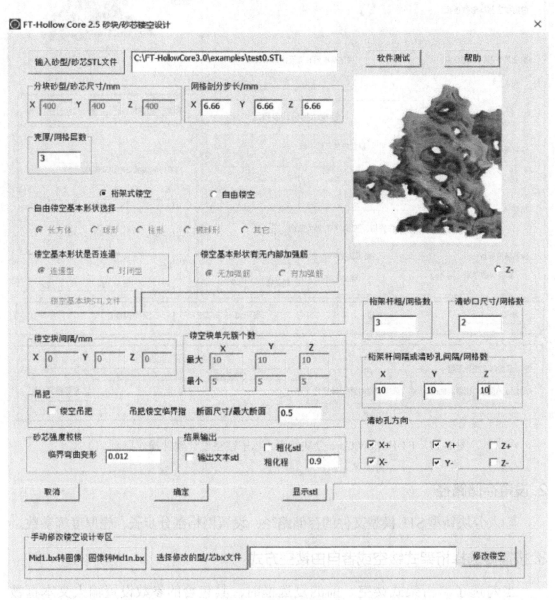

图2-18 分块铸型桁架结构镂空设计参数设置

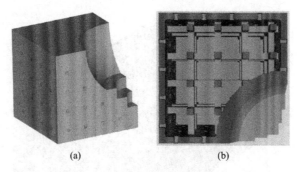

图 2-19　分块铸型桁架结构镂空设计模型及其 Z 向剖切显示

三、输出一体化应力框镂空铸型STL文件

使用 Magics 进行零件摆放并输出 STL 文件。

1. 开启模型

开启 Materialise Magics 21 软件，依次单击"文件"—"加载"—"导入零件"，弹出"加载新零件"对话框，如图2-20所示。在对话框中选择文件，单击开启文档，打开应力框文件，开启后如图2-21所示。

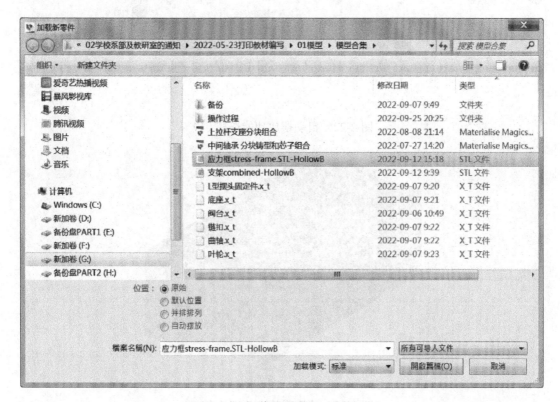

图 2-20　"加载新零件"对话框（1）

项目二　镂空砂型 3D 打印　029

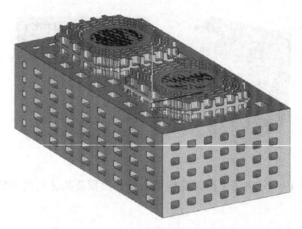

图 2-21　一体化应力框铸件镂空铸型

2. 调整零件位置

单击"加工准备"选项卡下的"摆放&准备"按钮,如图2-22所示,在下级菜单中选择"自动摆放",弹出"自动摆放"对话框;然后按默认设置单击"确认",则应力框铸模的所有零件按设置自动分开,如图2-23所示。

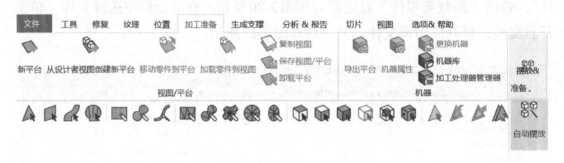

图 2-22　自动摆放功能选择（1）

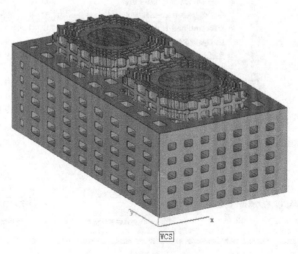

图 2-23　铸模零件自动摆放（1）

3. 输出STL文件

左键选中镂空铸型零件，在弹出的另存为对话框中设置路径和名称，单击"存档"保存输出应力框镂空铸模的STL文件，如图2-24所示。

图2-24　另存为STL文件（1）

四、应力框镂空铸模切片生成

3D打印分层图像生成工具（3DPSlice）是为数字化砂型打印精密成形机设计开发的一款三维模型分层图像生成工具。该工具可以将三维模型数据文件（STL格式）转换为数字化砂型打印精密成形机可用的图片（BMP或PNG格式）。接下来使用3DPSlice V1.3.0.0 PRO软件生成应力框镂空铸型的3D打印切片。

1. 设置参数

通过"设置"按钮打开设置界面，如图2-25所示。

首先，根据设备所使用的3D打印头的分辨率和幅宽设置参数。分辨率为打印头的分辨率，单位为DPI；幅宽为打印头在长度方向上的喷嘴覆盖的像素宽度，单位为像素。这里以分辨率为360DPI、幅宽为1000像素的打印头为例进行设置，如图2-26所示。

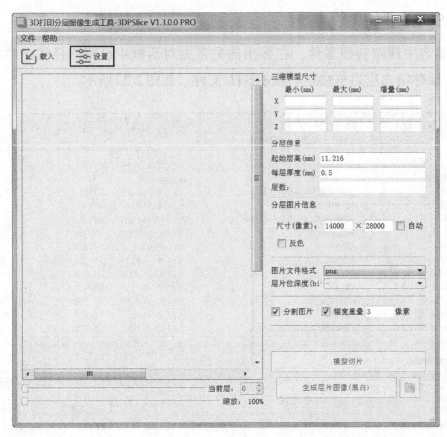

图 2-25 3D 打印分层图像生成工具主界面(1)

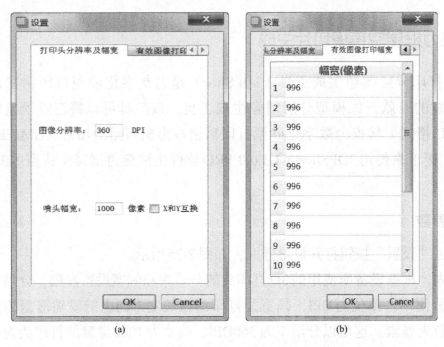

图 2-26 3D 打印分层图像生成工具参数设置界面(1)

其次，根据设备安装打印头的情况设定每个打印头的有效图像打印幅宽。若设备仅安装了1个打印头，该打印头的有效图像打印幅宽即为打印头的幅宽。若设备安装了1个以上的打印头，由于机械加工及安装存在误差，很难达到多个打印头的无缝拼接。因此，设备在设计时采用打印头幅宽重叠的安装方式，如图2-27所示。图中有效图像的宽度即为其对应打印头的有效图像打印幅宽数值，单位为像素。该数值通常无法精确测出，可通过在纸上打印测试图案，根据所打印的图案效果进行调节，直至肉眼看不出图像重叠或者存在间隙。

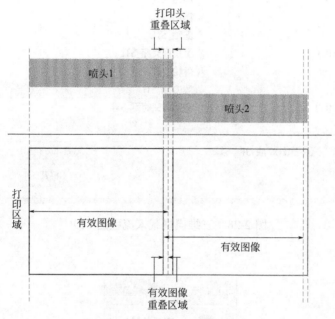

图2-27　多打印头安装方式（1）

2. 载入模型

首先单击界面的"载入"按钮，弹出"打开模型"对话框，选取需要处理的模型文件，如图2-28所示；然后单击"打开"，成功加载后会弹出"模型已载入"的提示框，如图2-29所示。加载后会在主界面右侧显示该三维模型的尺寸信息，如图2-30所示。

3. 模型分层切片

通过界面可设置模型分层切片的起始层高和每层厚度，如图2-31所示。上述选项设置完成后，即可点击"模型切片"按钮执行分层切片操作。分层切片执行完成后会弹出"切片已完成"提示框，如图2-32所示。

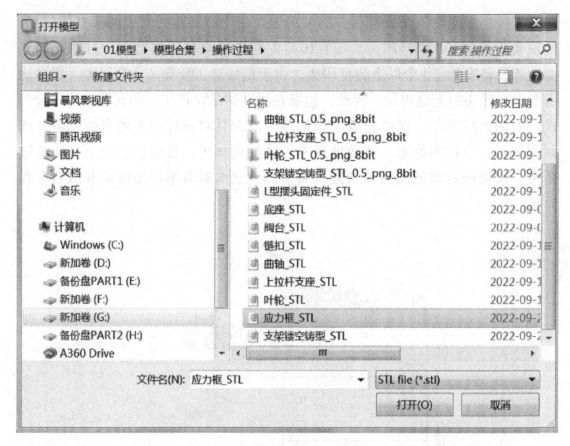

图 2-28 三维模型载入流程图（1）

图 2-29 "模型已载入"提示框（1）

三维模型尺寸			
	最小(mm)	最大(mm)	增量(mm)
X	5.000	265.000	260.000
Y	5.000	529.888	524.888
Z	14.000	200.667	186.667

图 2-30 三维模型载入后尺寸信息显示界面（1）

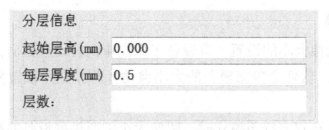

图 2-31　三维模型分层信息设置界面（1）

图 2-32　"切片已完成"提示框（1）

成功切片后，主界面右侧"分层信息"区域会显示切片的层数，左侧会显示分层切片预览图像，如图 2-33 所示。此时，通过左侧下方的滑块可以选择预览的当前层数，同时，可以进行图像的缩放控制，便于观察。

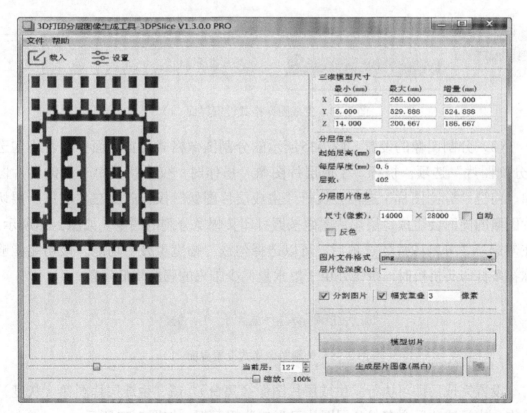

图 2-33　三维模型分层切片图像预览界面（1）

4. 生成分层图像

（1）分层图像大小的设置　当设备工作在单向打印模式时，图像大小可以设置为"自动"，软件会根据模型的大小自动计算其在所设置分辨率下的图像大小。

当设备工作在双向打印模式时，图像大小需要根据设备的打印头数量及打印行程进行设定。其计算公式如下：

图像大小 X 值（像素）= 打印头数量 × 打印头幅宽

图像大小 Y 值（像素）= 打印行程（mm）× 分辨率（DPI）/25.4

当设备为全幅宽打印机时，式中的"打印头数量"为实际打印头数量。

若"X 和 Y 互换"选项勾选时，图像大小的 X 和 Y 值需要进行互换，如图2-26所示。

（2）生成图像格式的设置　生成图像的格式有3种可选，分别为1位深度BMP、4位深度BMP和PNG（8位深度），如图2-34所示。其中，1位深度BMP仅可表示黑白图像，4位深度BMP和PNG可以表示灰度图像。这3种图像格式所占硬盘空间大小关系为：PNG ＜ 1位深度BMP ＜ 4位深度BMP。

图2-34　生成图像格式设置界面（1）

（3）分割图像的设置　图2-35所示的分割图像格式设置界面中，若不勾选"分割图片"选项，执行"生成层片图像"操作时，仅会生成每一层的切片图像。勾选"分割图片"选项，执行"生成层片图像"操作时，在生成每一层切片图像的同时会生成每层切片图像按照打印头幅宽分割的图像，如图2-36所示。在勾选了"分割图片"选项后，可以选择勾选"幅宽重叠"功能。该功能能够弥补多打印头拼接时，拼接处由于墨水量偏少带来的强度降低问题。

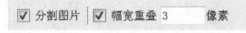

图2-35　分割图像格式设置界面（1）

设置完成后即可执行"生成层片图像（黑白）"或"生成层片图像（灰度）"操作，执行成功后会有"分层图片已生成"提示框，如图2-37所示。

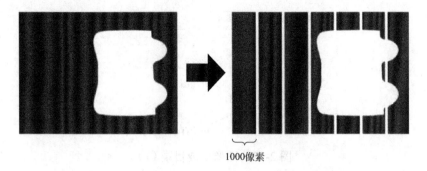

图 2-36　每层切片图像按照 1000 像素幅宽分割示意图（1）

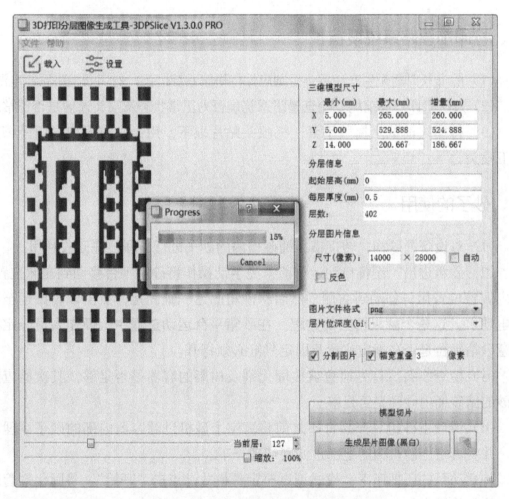

图 2-37　生成层片图像执行流程图（1）

生成成功后，可以点击主界面右下角的按钮打开层片图像所在目录，如图 2-38 所示。该文件夹目录下有"LayerImages"和"SwatheImages"两个文件夹，分别存放层片图像（PNG 格式）和所有层片根据特定幅宽分割后的图像（BMP 或 PNG 格式）。

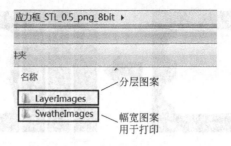

图 2-38　图像生成目录（1）

打印时需要选择"SwatheImages"文件夹中的图像进行载入打印。

五、打印前墨路系统设置

（1）除非长时间无生产任务，否则应保持墨路系统运行，勿切断墨路系统电源。

（2）每次打印产品前均要检查墨路系统是否为正常状态及喷头通信是否正常。

（3）打印之前戴上橡胶手套，将喷头贴片取下，用无尘布蘸取异丙醇擦拭一下喷头。

六、砂子的使用

（1）对设备混砂桶、转接槽、铺砂槽内的砂子进行清理，并回收利用。

（2）砂箱进出。设备自动运行前，先手动操作将砂箱平台移动到左侧位置，向内调整位置后再移动到右侧，然后将砂箱固定气缸固定，点击砂箱搬运至右进电动机。这是个翻来覆去的过程。在砂箱平台运动过程中，操作人员一定要注意砂箱平台是否在规定位置及固定气缸必须打开。

（3）检查物料。首先检查盛放固化剂及树脂的容器是否足够，其次检查新旧砂的储砂桶内砂子是否足够。

（4）清理上砂机。产品打印之前将真空上砂机过滤容器内部的砂子清理干净，并将真空上砂机构的上部过滤网清理一下。

将蠕动泵的压把压下，模式调试至定量模式，点击"开始"，将固化剂管道内部的气体排出。

打印前查看单向阀和更换挤压管路位置，保证管路通畅。

七、打印注意事项

打印前及打印中的注意事项如下：

（1）设备在打印过程中如果出现故障，待故障清除后，打印故障前什么状态，就要恢复到什么状态，然后继续运行。

（2）打印过程中观察检测铺砂打印效果。

（3）如果出现设备必须初始化或者断电的现象，注意在重新加载图片时要从指定位置开始打印，只能加载奇数层图片。

（4）打印过程中过一段时间就要检查树脂及固化剂是否足够，如果不够要及时添加。

打印后的注意事项如下：

（1）产品打印结束，将设备打印 X 轴停在检修位置，擦拭打印喷头，贴上贴片，保证喷头处在保湿状态。

（2）打印完产品后至少等待一个小时才能将产品取出，然后清理设备内部及打印边框内的砂子，并回收利用旧砂。

将混砂桶、转接槽、铺砂槽内的砂子清理干净，并清洁刮砂板。

八、设备维护指导书

3D打印设备维护保养作业指导书见表2-1。

表2-1　3D打印设备维护保养作业指导书

维护保养标准作业指导书	车间	设备编号	设备型号名称			版本号
	3D打印车间	2022072B001	高效数字化砂型打印精密成形机（MP2000）			A1
维护保养简述	维护保养目录					
维护保养的对象为高效数字化砂型打印精密成形机（MP2000）设备，主要由真空上砂机构、称重混砂机构、转接槽装砂机构及铺砂打印机构等部分组成。定期维护保养的内容主要有：①机械方面，包括各个轴（打印X、Y轴等）同步带的松紧磨损及砂箱升降轴的润滑磨损等情况；各部件的定时清理（储砂桶过滤网、真空上砂过滤器、混砂桶、转接槽、铺砂机构、清洁机构、蠕动泵管道及刮砂板等）。②精度方面，包括刮砂板及打印图案等；墨路系统和喷头的日常维护保养等。主要目的是减少设备磨损，消除隐患，延长设备使用寿命，提高生产效率，保证生产精度，为完成生产任务在设备方面提供保障	序号	保养部位	保养周期	页数	保养部门	
	1	喷头	每次打印	2	制造工程部	
	2	墨泵过滤器	每3月	2	制造工程部	
	3	清洁机构	每次打印	2	制造工程部	
	4	蠕动泵管道（压把侧）	每次打印	3	制造工程部	
	5	蠕动泵管道（单向阀侧）	每月	3	制造工程部	

续表

维护保养标准作业指导书		车间	设备编号	设备型号名称			版本号
		3D打印车间	2022072B001	高效数字化砂型打印精密成形机（MP2000）			A1
				6	刮板清洁	每次打印	3	制造工程部

				序号	项目	频次		责任部门
				6	刮板清洁	每次打印	3	制造工程部
				7	刮板精度	每月	4	设备与安环部
				8	真空上砂过滤器、储砂桶过滤器、混砂桶、转接槽、铺砂槽等	频次不同（详见后面具体内容）	4	制造工程部
安全注意事项		现场准备		9	设备内部及砂箱砂子	每次打印	4	制造工程部
1. 维护、检查作业应由两人进行，并定下一名负责人，相互保持联系。单独一人作业，有可能导致重大事故发生 2. 在进行维护、检查作业时，要通知监督人员、作业人员和周围的作业者，以免造成设备伤人事故。作业中应挂出"正在进行检查作业"的标识 3. 要穿戴好劳保用品（橡胶手套及口罩） 4. 进入机体切断电源		1. 按要求整顿设备现场 2. 准备相关工具和用品，包括口罩、橡胶手套、吸尘器、砂纸、刀片、内六角扳手、气枪、无尘布、工业酒精、喷头清洗液等		10	打印X、Y轴同步带的松紧	半年	5	设备与安环部
				11	砂箱升降轴的润滑	每月	5	设备与安环部
				12	储砂桶、混砂桶、漏砂口的密封性	每次打印	5	设备与安环部
				13	铺砂梁保养清洁	每次打印	6	制造工程部
				14	配电柜	每两月	6	制造工程部
				15	工作后整顿现场	每次打印后	6	制造工程部
核准		发布时间		第 页			共 页

九、增材制造工艺流程卡

增材制造工艺流程卡见表2-2。

表2-2　增材制造工艺流程卡

增材制造工艺流程卡				零件名称			工件结构图张贴处
工件号： 排单码：		工件完成日期： 计划下发日期：		材质： 尺寸： 重量：			
序号	工序	工件编号	机台号	自检结果		备注	
1	方案设计			加工余量添加：【　】 铸造缩放比：【　】			
2	3D打印			外观：【　】 结构：【　】 尺寸：【　】			说明： 1. 各工序的特殊要求添加至备注栏 2. 生产人员根据工艺流程卡领取加工工件，本工序加工完成后，进行自检并记录自检结果。自检结果合格，在【　】内划√；自检结果不合格，在【　】内划×，请备注不合格项 3. 工艺流程卡跟随产品一起向下个工序流转
3	铸造			结构：【　】 尺寸：【　】			
4	机加工			外观：【　】 结构：【　】 尺寸：【　】			
5	后制程			件号刻录：【　】 表面处理：【　】			
6	品质检验			外观：【　】 结构：【　】 尺寸：【　】 性能：【　】			

任务评价

任务评价表见表2-3。

表2-3　一体化与简单分块铸模的镂空设计及打印任务评价表

评价项目	评价内容	评价标准	配分	综合评价
任务完成情况评价	一体化镂空铸型设计	1. 符合设计要求10分 2. 基本符合设计要求8分 3. 不符合设计要求不得分	10	

续表

评价项目	评价内容	评价标准	配分	综合评价
任务完成情况评价	分块式镂空铸型设计	1. 符合设计要求 10 分 2. 基本符合设计要求 8 分 3. 不符合设计要求不得分	10	
	输出镂空铸型 STL 文件	1. 符合输出要求 10 分 2. 基本符合输出要求 8 分 3. 不符合输出要求不得分	10	
	镂空铸型切片生成	1. 符合生成要求 10 分 2. 不符合生成要求不得分	10	
	打印前墨路系统设置	1. 完成系统设置 10 分 2. 未完成系统设置不得分	10	
	正确使用及处理加工前后的砂子	1. 正确使用及处理砂子 10 分 2. 未正确使用及处理不得分	10	
	填写工艺流程卡 完成打印前后设备维护	1. 完成打印前、后各项工作 10 分 2. 未完成打印前、后各项工作不得分	10	
	独立完成零件打印	1. 完成零件打印 10 分 2. 未完成零件打印不得分	10	
职业素养	1. 遵守实训课堂纪律，做好个人实训安全防护措施	违反一次扣 2 分	5	
	2. 严格遵守安全生产规范，按规定操作设备	违反禁止性规定不得分	5	
	3. 严格按规程操作设备，使用后做好设备维护保养	违反一次扣 2 分	5	
	4. 具备团结、合作、互助的团队合作精神	违反一次扣 2 分	5	
总　评			100	

任务二

支架铸模的镂空设计及打印

任务布置

支架零件是常用的承力结构部件,主要起支撑作用,一般承受较大的力;同时也可发挥定位作用,使零件之间保持正确的位置。支架零件的几何模型如图2-39所示。本任务将围绕该支架零件铸造毛坯件的生产实际,完成一体化或者分块式镂空铸型设计及模型生成。

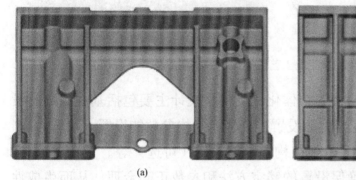
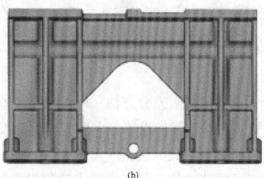

(a)　　　　　　　　　　　　　　(b)

图 2-39　支架零件几何模型

任务目标

1. 了解镂空铸型技术及其现实意义。
2. 了解支架铸件一体化镂空铸型设计的原理。
3. 了解支架铸件分块式铸型镂空设计的原理。
4. 能使用FT-Hollow Mold软件完成支架铸件的一体化镂空铸型设计。
5. 能使用FT-Hollow Core软件完成支架铸件上、下模的镂空设计。
6. 能使用FT-DISP软件对镂空铸型模型进行分层切片,以检查其设计生成质量。

任务实施

一、支架铸件一体化镂空铸型设计

在工业生产实际中，一般采用单模单件铸造的方式生产该结构部件的毛坯。典型带铸造工艺的支架铸件模型如图2-40所示。

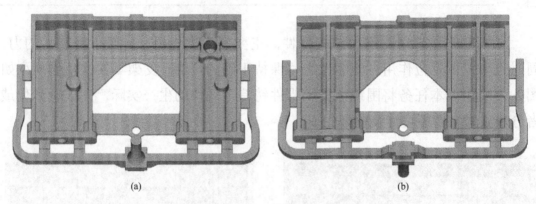

图 2-40　带铸造工艺的支架铸件模型

基于有限差分方法（FDM）的一体化镂空铸型设计主要包括基本参数的设置、网格步长的设置、内层壳厚度的设置、壳套壳结构参数的设置（可选）、加强筋结构参数的设置（可选）、桁架结构参数的设置（可选）等。设计过程中，应根据铸件的形状结构特点确保设置的镂空方法和参数正确合理，从而生成性能合适的铸型以保证铸件的浇注质量。

1. 打开镂空软件功能控制区

打开FT-Hollow Mold铸型镂空设计软件。其操作界面如图2-41所示，主要包括基本参数区、功能结构设计参数区以及进度显示控制区。

2. 设置镂空设计输入输出路径及类型等基本参数

（1）设置存储路径　首先设置铸件模型STL格式文件的存储路径，然后设置拟生成输出的一体化镂空铸型文件的存储路径。软件默认输出一体化镂空铸型STL文件的二进制存储格式，其文件名体例为输入铸件模型的文件名+HollowB；若勾选"输出文本stl"前的复选框，则附加输出一体化镂空铸型

STL文件的文本型存储格式,其文件名体例为输入铸件的文件名+HollowA。

(2)设置冒口方向　该支架铸件模型的冒口方向应为Z方向正向,因此选择"Z正";镂空方式选择"基于FDM",然后点击"高级设置>>"按钮,进入镂空参数设置面板,如图2-42所示。

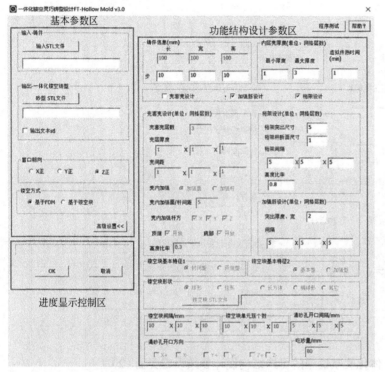

图2-41　FT-Hollow Mold 铸型镂空设计软件操作界面(2)

图2-42　镂空设计输入输出路径及类型基本参数设置界面(2)

3. 根据铸件的基本尺寸信息合理设置步长参数和内层壳厚度参数

步长参数指每个方向上的网格尺寸大小,软件默认设置为每个方向60层网格;内层壳最小厚度和最大厚度分别为2层和3层网格。虚拟传热时间软件默认为2min。其操作界面如图2-43所示。

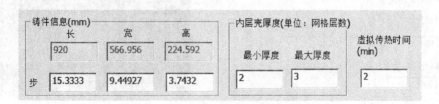

图2-43　镂空铸型参数设置界面(2)

4. 设置一体化镂空铸型的可选结构设计参数

当勾选了相应可选设计结构前的复选框时，其包含的参数设置输入文本框被激活，可根据需求进行输入；而其他未勾选复选框的可选设计结构，其参数设置输入文本框则未被激活，不可输入设计参数，界面显示为灰色，如图2-44所示。

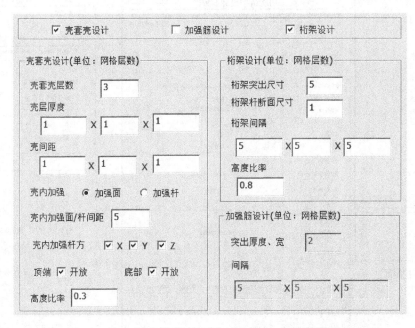

图2-44　一体化镂空铸型的可选结构设计参数设置界面（2）

（1）桁架结构镂空铸型设计　桁架结构是镂空结构设计中较常采用的模块化结构之一，桁架结构设计首先考虑设计并生成桁架式一体化镂空铸型模型。桁架结构的设计参数如图2-45所示，其他参数如步长参数、内层壳厚度参数、虚拟传热时间等则选用软件默认的设置参数，预计的镂空减重率为56%。镂空设计的铸型STL模型如图2-46所示。

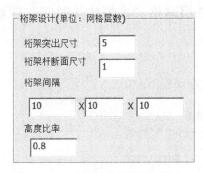

图2-45　桁架结构设计参数（1）

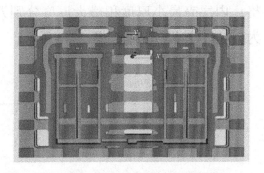

图2-46　桁架结构镂空铸型模型

（2）加强筋结构镂空铸型设计　加强筋结构的设计参数如图2-47所示，其他参数如步长参数、内层壳厚度参数、虚拟传热时间等则选用软件默认的设置参数，预计的镂空减重率为70%。镂空设计的加强筋式一体化镂空铸型STL模型如图2-48所示。

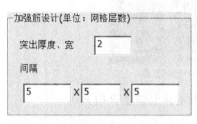

图 2-47　加强筋结构设计参数

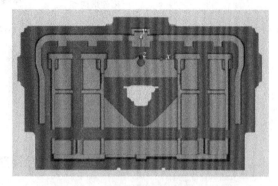

图 2-48　加强筋结构镂空铸型模型

（3）复合式一体化镂空铸型设计　复合式一体化镂空铸型的设计参数如图2-49所示，其他参数如步长参数、内层壳厚度参数、虚拟传热时间等则选用软件默认的设置参数，预计的镂空减重率为63%。镂空设计的复合式一体化镂空铸型STL模型如图2-50所示。

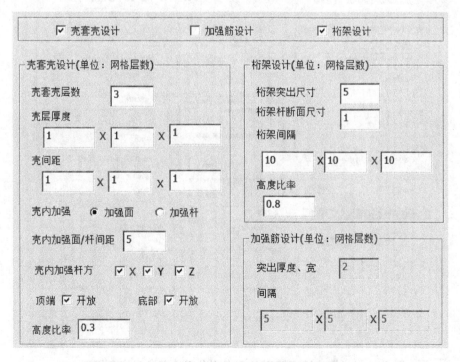

图 2-49　复合式一体化镂空铸型设计参数（1）

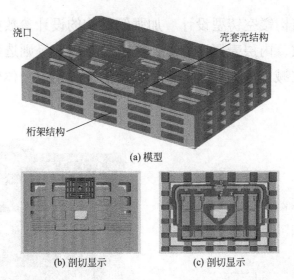

图 2-50　复合式一体化镂空铸型模型及其剖切显示（1）

5. 完成镂空设计参数设置

点击"OK"按钮，软件自动进入镂空设计及生成进程，如图2-51所示。进

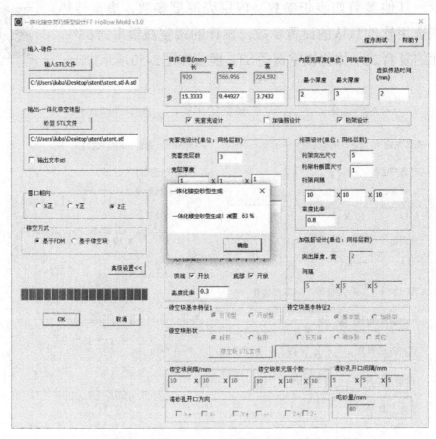

图 2-51　一体化镂空铸型自动生成进度及完成后信息提示（2）

度条显示一体化镂空铸型的生成进度，全部完成后会在软件界面的中部区域弹出镂空设计及生成的结果信息，包含预计的镂空减重率（相对最大外形轮廓密实铸型）。

二、支架铸件分块式镂空铸型设计

支架铸件采用常见的分块式铸型设计，如单独设计出上模、下模、芯子等，则可根据各个铸型组件的实际尺寸情况，有选择性地对其进行镂空操作，生成镂空结构后再组装成完整的铸型系统。支架铸件典型的分块铸型设计如图2-52所示，主要包含上模及下模等结构。

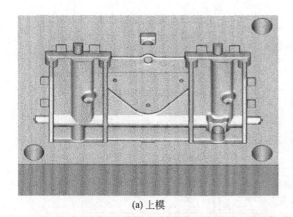
(a) 上模

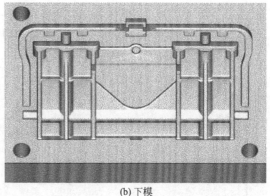
(b) 下模

图2-52 支架铸件的上模及下模模型

基于有限差分方法（FDM）的分块铸型镂空设计主要包括基本参数的设置、内部镂空结构参数的设置、自由镂空结构参数的设置（可选）等。设计过程中，应根据分块铸型的形状尺寸特点确保设置的镂空方法和参数正确合理，以使随后组装在一起的铸型系统具有较好的性能，从而保证铸件的浇注质量。

1. 设置手动修改控制区

打开FT-Hollow Core分块铸型/芯子镂空设计软件。其操作界面如图2-53所示，主要包括基本参数区、镂空结构设计参数区、操作控制区以及手动修改镂空设计区。

2. 设置存储路径输入分块铸型STL模型文件

输入分块铸型STL模型文件的存储路径，设置网格剖分步长、壳厚度等参数。

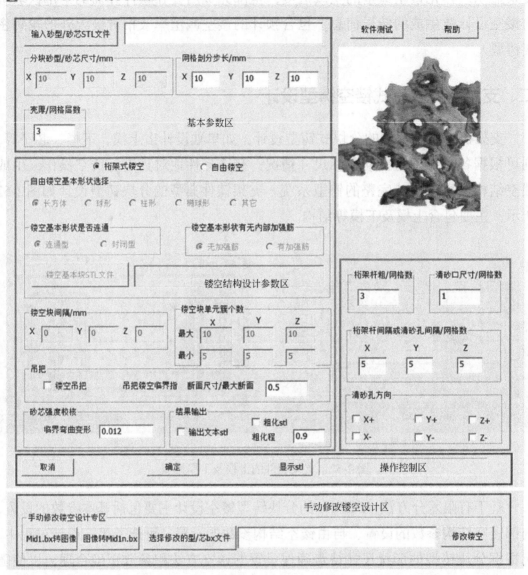

图 2-53 FT-Hollow Core 分块铸型/芯子镂空设计软件操作界面(2)

3. 按需要选择桁架式镂空或者自由镂空方式

当勾选了"桁架式镂空"前的复选框时,其包含的参数设置输入文本框被激活,可根据需求进行输入;而未勾选的自由镂空方式,其参数设置输入文本框则未被激活,不可输入设计参数,界面显示为灰色。

(1)对支架铸件的上模模型进行镂空设计 对支架铸模上模采用桁架式镂空设计,在 X 和 Y 两个方向设置清砂孔,主要设计参数如图 2-54 所示,预计的镂空减重率为 34%。所得的镂空上模模型如图2-55所示。

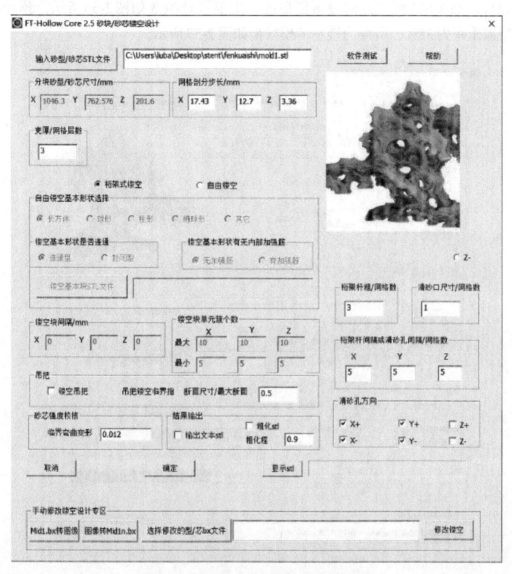

图2-54　支架铸件上模模型镂空设计参数

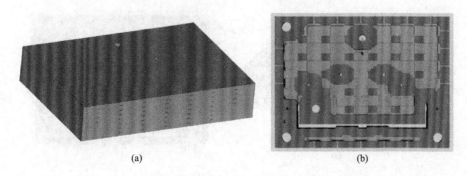

图2-55　支架铸件的桁架式镂空上模模型及Z向剖切面

（2）对支架铸件的下模模型进行镂空设计　对支架铸件下模采用桁架式镂空设计，在 X 和 Y 两个方向设置清砂孔，主要设计参数如图2-56所示，预计的镂空减重率为38%。所得的镂空下模模型如图2-57所示。

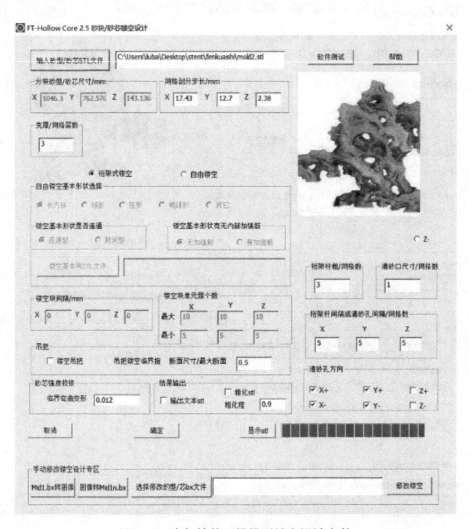

图 2-56　支架铸件下模模型镂空设计参数

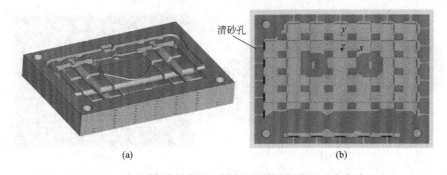

图 2-57　支架铸件的桁架式镂空下模模型及 Z 向剖切面

4. 组合镂空模型

将分块式镂空上模模型、下模模型及所有未镂空芯子组合在一起即可得到支架铸件完整的分块式镂空铸型，可用于砂型3D打印。组合后的镂空模型如图2-58所示。

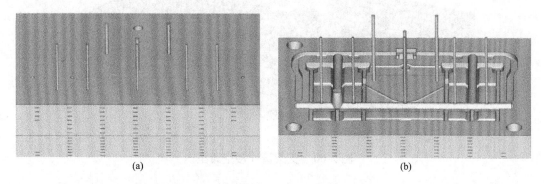

图 2-58　支架铸件的分块式镂空铸型及其组合示意图（右图不含上模）

三、输出支架铸件镂空铸型STL文件

使用Magics进行零件摆放并输出STL文件。

1. 开启模型

开启Materialise Magics 21软件，依次单击"文件"—"加载"—"导入零件"，弹出"加载新零件"对话框，如图2-59所示。在对话框中选择文件，单击

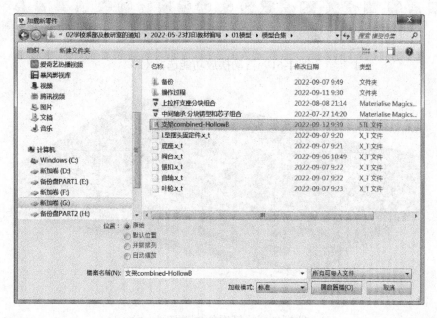

图 2-59　"加载新零件"对话框（2）

开启文档，打开支架文件，开启后如图2-60所示。

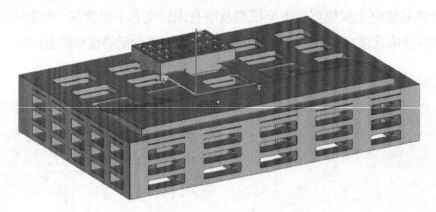

图2-60　支架铸件镂空铸型

2. 调整零件位置

单击"加工准备"选项卡下的"摆放&准备"按钮，如图2-61所示，在下级菜单中选择"自动摆放"，弹出"自动摆放"对话框；然后按默认设置单击"确认"，则支架铸模的所有零件按设置自动分开，如图2-62所示。

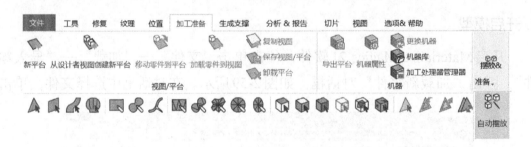

图2-61　自动摆放功能选择（2）

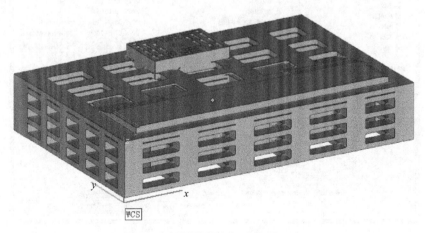

图2-62　铸模零件自动摆放（2）

3. 输出STL文件

左键选中镂空铸型零件，在弹出的另存为对话框中设置路径和名称，单击"存档"保存输出支架镂空铸模的STL文件，如图2-63所示。

图 2-63　另存为 STL 文件（2）

四、支架镂空铸模切片生成

使用3DPSlice V1.3.0.0 PRO软件生成支架镂空铸模的3D打印切片。

1. 设置参数

打开3D打印切片工具软件，按照之前任务的方法设置参数。

2. 载入模型

首先单击界面的"载入"按钮，弹出"打开模型"对话框，选取需要处理的模型文件，如图2-64所示；然后单击"打开"，成功加载后会弹出"模型已载入"的提示框，如图2-65所示。加载后会在主界面右侧显示该三维模型的尺寸信息，如图2-66所示。

3. 模型分层切片

通过界面可设置模型分层切片的起始层高和每层厚度，如图2-67所示。上

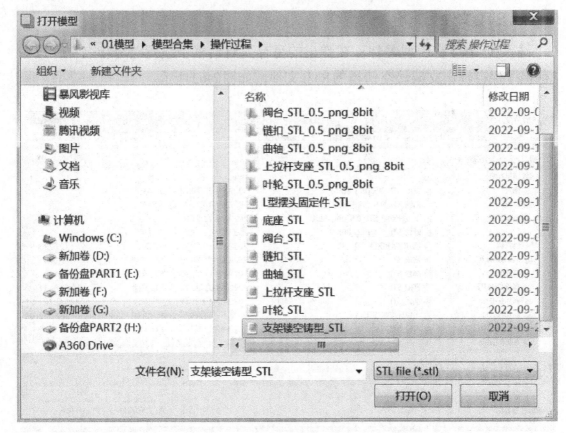

图 2-64 三维模型载入流程图（2）

图 2-65 "模型已载入"提示框（2）

三维模型尺寸			
	最小(mm)	最大(mm)	增量(mm)
X	5.000	1200.997	1195.997
Y	5.000	808.188	803.188
Z	14.000	268.538	254.538

图 2-66 三维模型载入后尺寸信息显示界面（2）

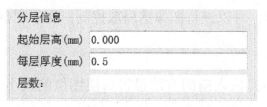

图 2-67　三维模型分层信息设置界面（2）

述选项设置完成后，即可点击"模型切片"按钮执行分层切片操作。分层切片执行完成后会弹出"切片已完成"提示框，如图 2-68 所示。

图 2-68　"切片已完成"提示框（2）

成功切片后，主界面右侧"分层信息"区域会显示切片的层数，左侧会显示分层切片预览图像，如图 2-69 所示。此时，通过左侧下方的滑块可以选择预

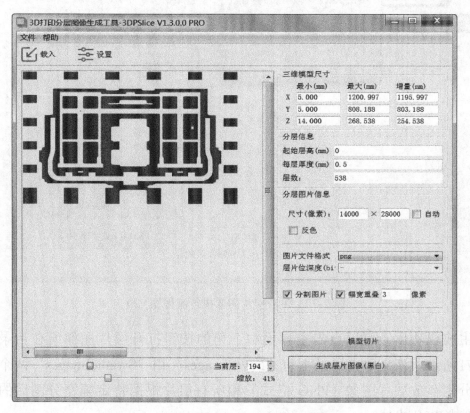

图 2-69　三维模型分层切片图像预览界面（2）

览的当前层数,同时,可以进行图像的缩放控制,便于观察。

4. 生成分层图像

分层图像生成前,按之前的方法设置每层图像的大小、生成图像的格式及分割图像的大小。

设置完成后即可执行"生成层片图像(黑白)"或"生成层片图像(灰度)"操作,执行成功后会有"分层图片已生成"提示框,如图2-70所示。

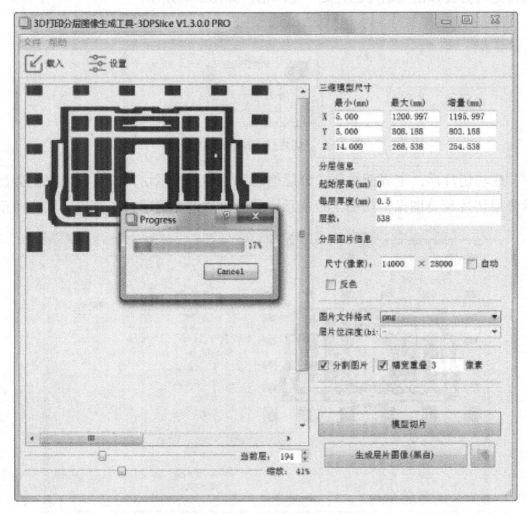

图2-70 生成层片图像执行流程图(2)

生成成功后,可以点击主界面右下角的按钮打开层片图像所在目录,如图2-71所示。该文件夹目录下有"LayerImages"和"SwatheImages"两个文件夹,分别存放层片图像(PNG格式)和所有层片根据特定幅宽分割后的图像(BMP或PNG格式)。

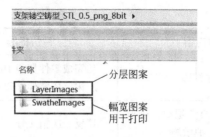

图 2-71　图像生成目录（2）

打印时需要选择"SwatheImages"文件夹中的图像进行载入打印。

打印前墨路系统设置、砂子的使用、打印注意事项、增材制造工艺流程卡见本项目任务一。

 任务评价

任务评价表见表 2-4。

表 2-4　支架铸模的镂空设计及打印任务评价表

评价项目	评价内容	评价标准	配分	综合评价
任务完成情况评价	一体化镂空铸型设计	1. 符合设计要求 10 分 2. 基本符合设计要求 8 分 3. 不符合设计要求不得分	10	
	分块式镂空铸型设计	1. 符合设计要求 10 分 2. 基本符合设计要求 8 分 3. 不符合设计要求不得分	10	
	输出镂空铸型 STL 文件	1. 符合输出要求 10 分 2. 基本符合输出要求 8 分 3. 不符合输出要求不得分	10	
	镂空铸型切片生成	1. 符合生成要求 10 分 2. 不符合生成要求不得分	10	
	打印前墨路系统设置	1. 完成系统设置 10 分 2. 未完成系统设置不得分	10	
	正确使用及处理加工前后的砂子	1. 正确使用及处理砂子 10 分 2. 未正确使用及处理不得分	10	
	填写工艺流程卡 完成打印前后设备维护	1. 完成打印前、后各项工作 10 分 2. 未完成打印前、后各项工作不得分	10	

续表

评价项目	评价内容	评价标准	配分	综合评价
任务完成情况评价	独立完成零件打印	1. 完成零件打印10分 2. 未完成零件打印不得分	10	
职业素养	1. 遵守实训课堂纪律，做好个人实训安全防护措施	违反一次扣2分	5	
	2. 严格遵守安全生产规范，按规定操作设备	违反禁止性规定不得分	5	
	3. 严格按规程操作设备，使用后做好设备维护保养	违反一次扣2分	5	
	4. 具备团结、合作、互助的团队合作精神	违反一次扣2分	5	
总评			100	

任务三
中间轴承体铸模的镂空设计及打印

 任务布置

中间轴承体是机械设备中常用的零件之一，在工作过程中承受着较大的载荷，其几何模型如图2-72所示。本任务主要针对中间轴承体毛坯件的铸造生产工艺，完成一体化或者分块式镂空铸型设计及模型生成。

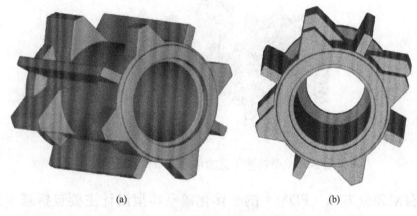

图 2-72　中间轴承体铸件几何模型

 任务目标

1. 了解镂空铸型技术及其现实意义。
2. 了解中间轴承体一体化镂空铸型设计的原理。
3. 了解中间轴承体分块式铸型镂空设计的原理。
4. 能使用FT-Hollow Mold软件完成中间轴承体铸件的一体化镂空铸型设计。
5. 能使用FT-Hollow Core软件完成中间轴承体上、下模以及芯子的镂空设计。
6. 能使用FT-DISP软件对镂空铸型模型进行分层切片，以检查其设计质量。

任务实施

一、中间轴承体铸件一体化镂空铸型设计

在工业生产实际中,通常采用批量铸造的方式生产中间轴承体零件的毛坯。典型带铸造工艺的中间轴承体铸件模型如图2-73所示。该模型包含两个中间轴承体。接下来,首先针对该带浇注系统的铸件模型设计、生成一体化镂空铸型,并输出STL格式的三维模型。

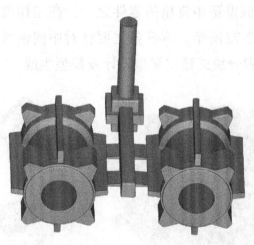

图 2-73　带铸造工艺的中间轴承体铸件模型

基于有限差分方法(FDM)的一体化镂空铸型设计主要包括基本参数的设置、网格步长的设置、内层壳厚度的设置、壳套壳结构参数的设置(可选)、加强筋结构参数的设置(可选)、桁架结构参数的设置(可选)等。设计过程中,应根据铸件的形状结构特点确保设置方法和参数正确合理,从而保证铸件的浇注质量。

1. 打开FT-Hollow Mold铸型镂空设计软件

该软件的操作界面如图2-74所示,主要包括基本参数区、功能结构设计参数区以及进度显示控制区。

2. 设置镂空设计输入输出路径及类型等基本参数

(1) 设置存储路径　首先设置铸件STL格式文件的存储路径,然后设置拟生成输出的一体化镂空铸型文件的存储路径。软件默认输出一体化镂空铸型

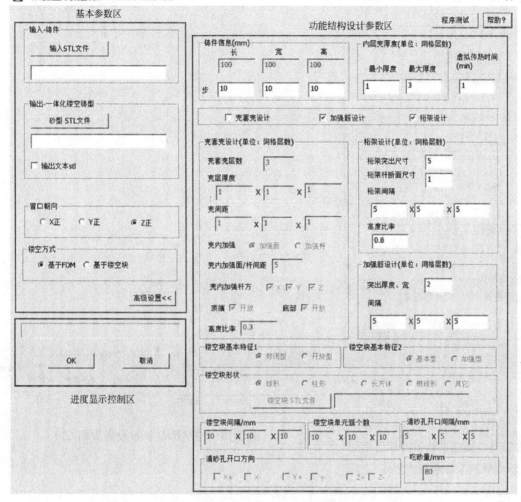

图2-74 FT-Hollow Mold 铸型镂空设计软件操作界面(3)

STL文件的二进制存储格式，其文件名体例为输入铸件的文件名+HollowB；若勾选"输出文本stl"前的复选框，则附加输出一体化镂空铸型STL文件的文本型存储格式，其文件名体例为输入铸件的文件名+HollowA，如图2-75所示。

(2) 设置冒口方向　本铸件冒口方向应为Z方向正向，因此选择"Z正"；镂空方式选择"基于FDM"，然后点击"高级设置>>"按钮，进入镂空参数设置面板。

3. 设置步长及内层壳厚度参数

根据铸件的基本尺寸信息合理设置步长参数和内层壳厚度参数。其中，步长参数指每个方向上的网格尺寸大小，软件默认设置为每个方向60层网格；内层壳最小厚度和最大厚度分别为2层和3层网格。虚拟传热时间软件默认为1min。其操作界面如图2-76所示。

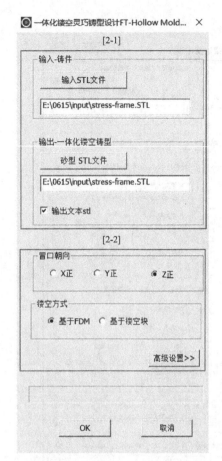

图 2-75 镂空设计输入输出路径及类型基本参数设置界面（3）

图 2-76 镂空铸型参数设置界面（3）

4. 设置一体化镂空铸型的可选结构设计参数

当勾选了相应可选设计结构前的复选框时，其包含的参数设置输入文本框被激活，可根据需求进行输入；而其他未勾选复选框的可选设计结构，其参数设置输入文本框则未被激活，不可输入设计参数，界面显示为灰色，如图 2-77 所示。

（1）桁架结构镂空铸型设计 桁架结构是镂空结构设计中较常采用的模块化结构之一，桁架结构设计首先考虑设计并生成桁架式一体化镂空铸型模型。桁架结构的设计参数如图 2-78 所示，其他参数如步长参数、内层壳厚度参数、虚拟传热时间等则选用软件默认的设置参数，预计的镂空减重率为 46%。镂空设计的铸型 STL 模型如图 2-79 所示。

（2）壳套壳结构镂空铸型设计 壳套壳结构的设计参数如图 2-80 所示。除形成铸件型腔的内层壳之外，再在外部设计两层额外的壳，壳与壳之间的空隙

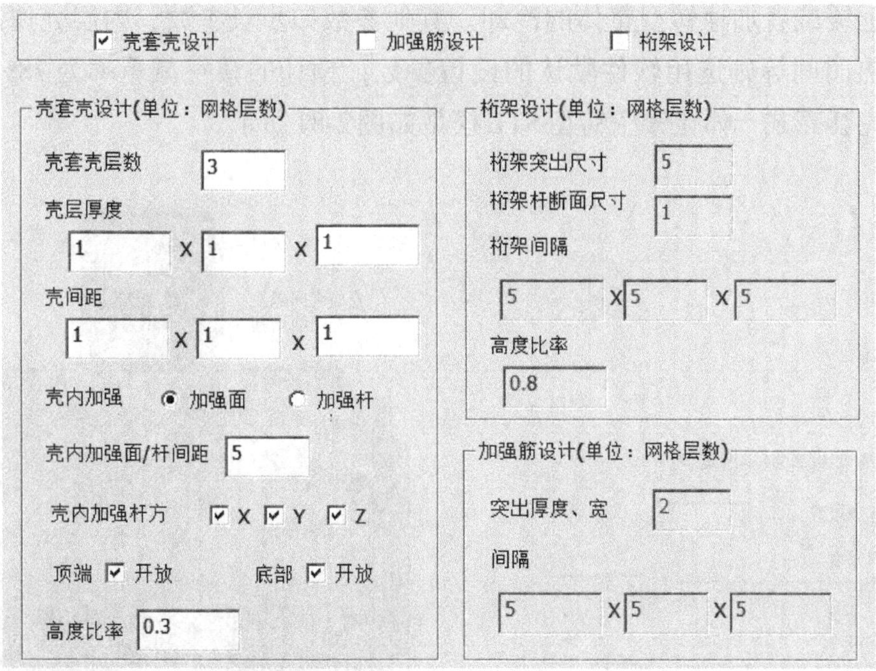

图 2-77　一体化镂空铸型的可选结构设计参数设置界面（3）

图 2-78　桁架结构设计参数（2）

(a) 模型　　(b) Z向剖切显示

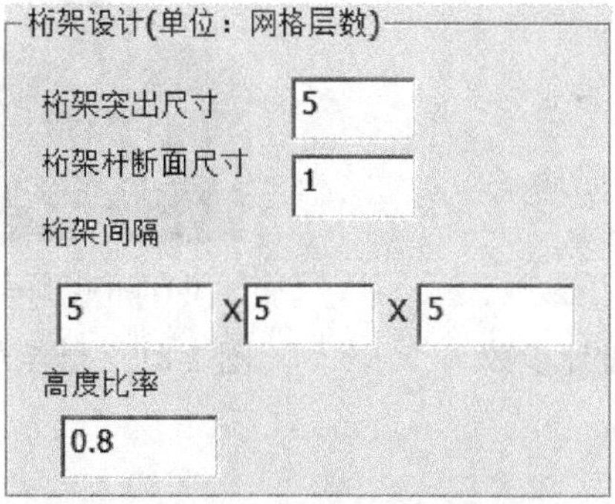

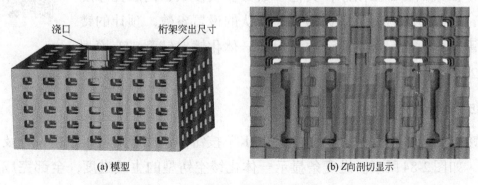

图 2-79　桁架结构镂空铸型模型及其 Z 向剖切显示

可用于延缓或者加速铸型整体的冷却。其他参数如步长参数、内层壳厚度参数、虚拟传热时间等则选用软件默认的设置参数，预计的镂空减重率为78%。镂空设计的壳套壳式一体化镂空铸型STL模型如图2-81所示。

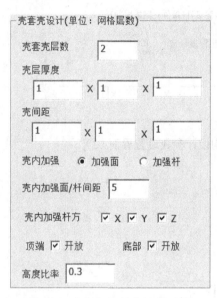

图2-80 壳套壳结构设计参数

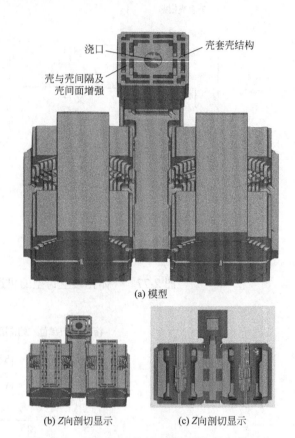

图2-81 壳套壳结构镂空铸型模型及其Z向剖切显示

（3）复合式一体化镂空铸型设计　复合式一体化镂空铸型的设计参数如图2-82所示，其他参数如步长参数、内层壳厚度参数、虚拟传热时间等则选用软件默认的设置参数，预计的镂空减重率为74%。镂空设计的复合式一体化镂空铸型STL模型如图2-83所示。

5. 完成参数设置

镂空设计参数设置完毕后点击"OK"按钮，软件自动进入镂空设计及生成进程，如图2-84所示。进度条显示一体化镂空铸型的生成进度，全部完成后会在软件界面的中部区域弹出镂空设计及生成的结果信息，包含预计的镂空减重率

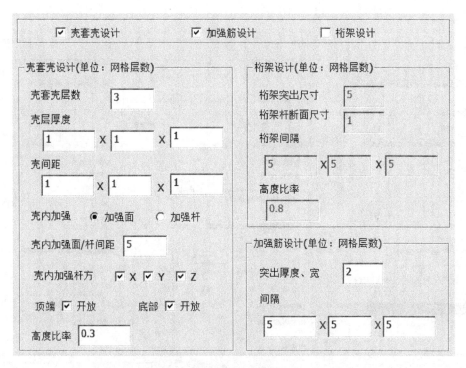

图 2-82　复合式一体化镂空铸型设计参数（2）

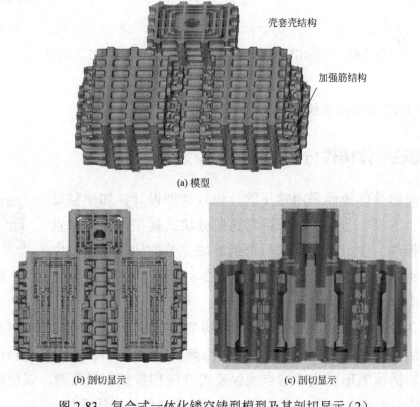

图 2-83　复合式一体化镂空铸型模型及其剖切显示（2）

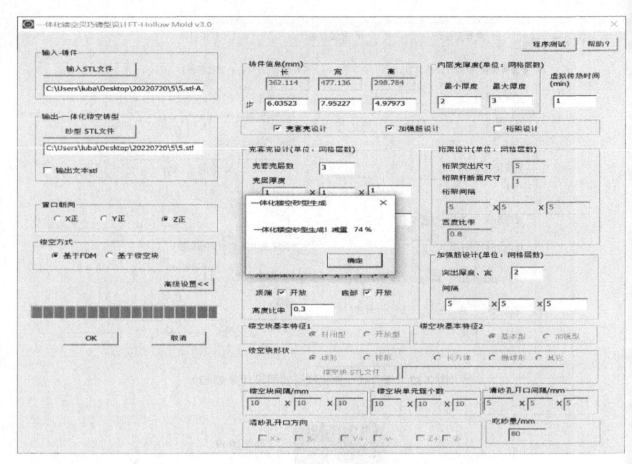

图 2-84 一体化镂空铸型自动生成进度及完成后信息提示（3）

（相对最大外形轮廓密实铸型）。

二、中间轴承体铸件分块式镂空铸型设计

若中间轴承体铸件采用常见的分块式铸型设计，如单独设计出上模、下模、芯子等，则可对这些分块式铸型（芯）分别进行镂空操作，生成镂空结构后再组装成完整的铸型系统。中间轴承体铸件典型的分块铸型设计如图2-85所示，主要包含上模、下模、芯子等分块铸型结构。

基于有限差分方法（FDM）的分块铸型镂空设计主要包括基本参数的设置、内部镂空结构参数的设置、自由镂空结构参数的设置（可选）等。设计过程中，应根据分块铸型的形状尺寸特点确保设置方法和参数正确合理，以使随后组装在一起的铸型系统具有较好的性能，从而保证铸件的浇注质量。

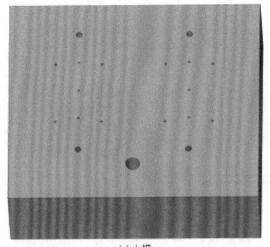
(a) 上模

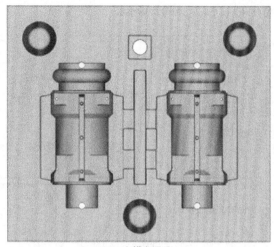
(b) 上模底视图

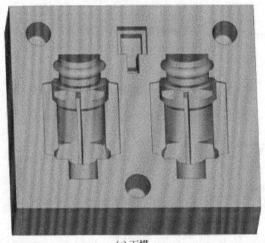
(c) 下模

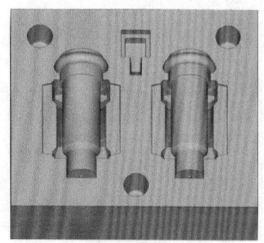
(d) 下模(含芯子)

图 2-85　中间轴承体铸件的上模和下模（含芯子）模型

1. 打开FT-Hollow Core分块铸型/芯子镂空设计软件

其操作界面如图2-86所示，主要包括基本参数区、镂空结构设计参数区、操作控制区以及手动修改镂空设计区。

2. 设置存储路径

输入分块铸型或者芯子STL模型文件的存储路径，设置网格剖分步长、壳厚度等参数。

3. 设置镂空方式

按需要选择桁架式镂空或者自由镂空方式。当勾选了"桁架式镂空"前的

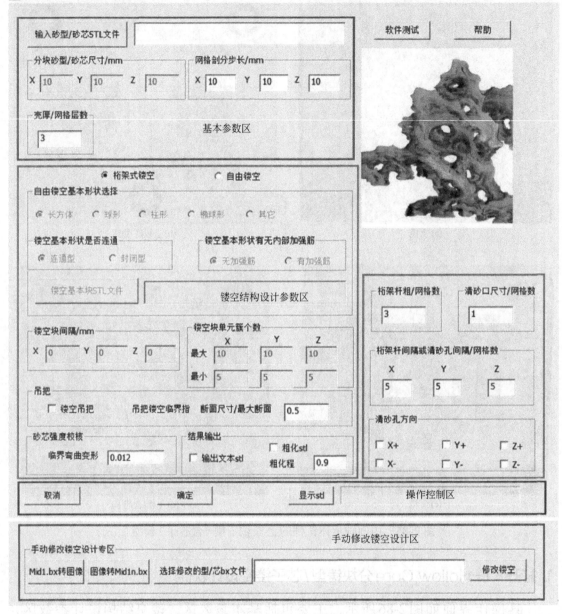

图 2-86　FT-Hollow Core 分块铸型 / 芯子镂空设计软件操作界面（3）

复选框时，其包含的参数设置输入文本框被激活，可根据需求进行输入；而未勾选的自由镂空方式，其参数设置输入文本框则未被激活，不可输入设计参数，界面显示为灰色。

（1）对中间轴承体铸件的上模模型进行镂空设计　对中间轴承体上模采用桁架式镂空设计，在 X 和 Y 两个方向设置清砂孔，主要设计参数如图 2-87 所示。所得的镂空上模模型如图 2-88 所示，预计的镂空减重率为 31%。

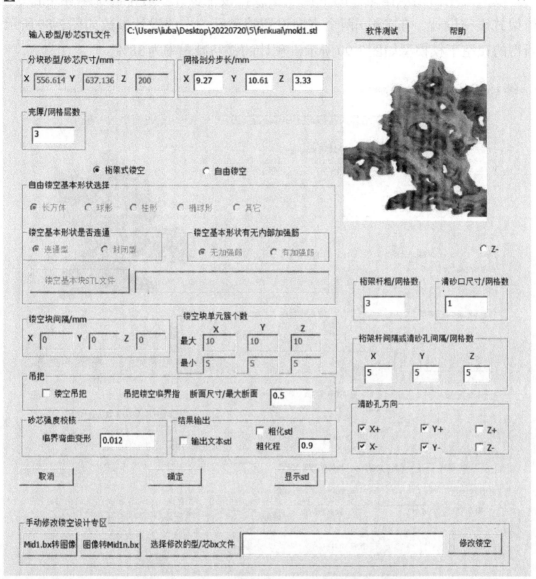

图 2-87　中间轴承体铸件上模模型镂空设计参数

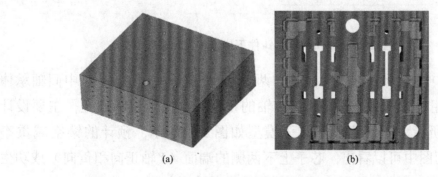

图 2-88　中间轴承体铸件的桁架式镂空上模模型及剖切面

（2）对中间轴承体铸件的下模模型进行镂空设计　对中间轴承体下模采用桁架式镂空设计，在 X 和 Y 两个方向设置清砂孔，主要设计参数如图 2-89 所示。所得的镂空下模模型如图 2-90 所示，预计的镂空减重率为 38%。

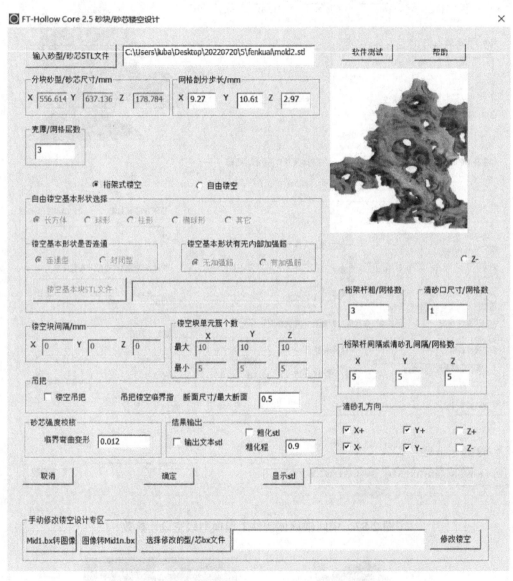

图 2-89　中间轴承体铸件下模模型镂空设计参数

（3）对中间轴承体铸件下模中的两个芯子进行镂空设计　对中间轴承体的两个芯子采用桁架式镂空设计，在 X 轴的正向和负向设置清砂孔，主要设计参数如图 2-91 所示。所得的镂空芯子模型如图 2-92 所示，预计的镂空减重率为 31%。从剖切图中可以看出，芯子上下两侧的端面（X 轴正向和负向）成功生成了清砂孔，可用于清理砂型 3D 打印过后残留的未黏结砂子。

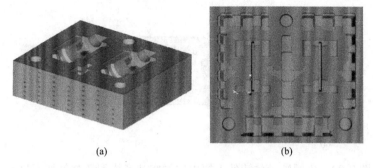

图 2-90　中间轴承体铸件的桁架式镂空下模模型及剖切面（底视图）

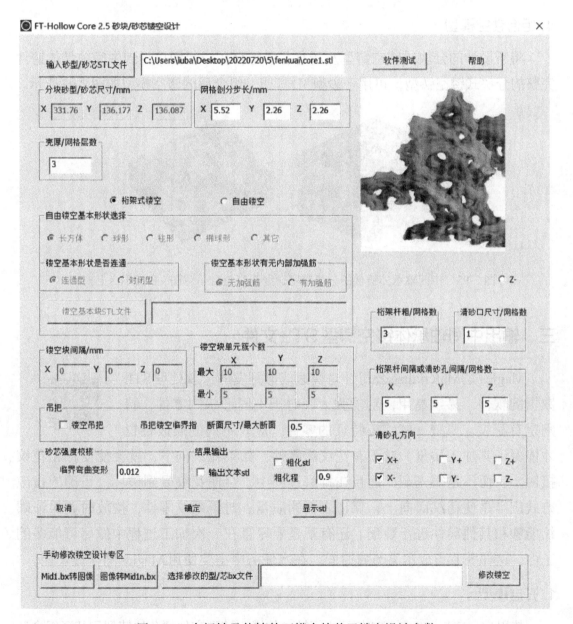

图 2-91　中间轴承体铸件下模中的芯子镂空设计参数

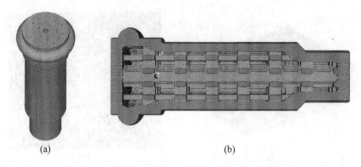

图 2-92　中间轴承体铸件下模中的镂空芯子模型及其剖切面显示

4. 组合镂空模型

将所设计的分块式镂空铸型及所有芯子组合在一起即可得到中间轴承体铸件完整的分块式镂空铸型,可用于砂型 3D 打印。组合后的镂空模型如图 2-93 所示。

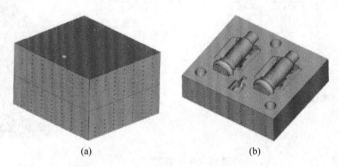

图 2-93　中间轴承体铸件的分块镂空铸型及其组合示意图(右图不含上模)

三、输出中间轴承体镂空铸型 STL 文件

Magics 是 Materialise 公司针对快速成形开发的一款处理 STL 数据的软件,易学易用,功能强大。对于不同形状的零件,特别是有花纹、薄壁、螺纹等特征的零件,应有不同的摆放位置才能保证其加工质量。对于有花纹的零件,如果花纹向下,就会使支撑和花纹接触,表面不是很光顺,而且在打磨过程中,会使花纹受到破坏;正确的摆放方式应当是使花纹面向上,保证表面的质量。对于螺纹零件,摆放时要保证螺纹能够和其他零件进行装配。还有就是要尽量在一次加工过程中做尽可能多的工件,这样既节省成本又节省时间。在本任务中主要使用 Magics 的摆放功能。

1. 开启模型

使用 Materialise Magics 21 打开中间轴承体镂空铸型文件"分块铸型和芯子组合"。

2. 设置零件位置

（1）左键单击选中上模零件　单击工具选项卡中的"平移"按钮，则弹出"零件平移"对话框，此时上模零件上出现用于平移的坐标系，如图2-94所示。

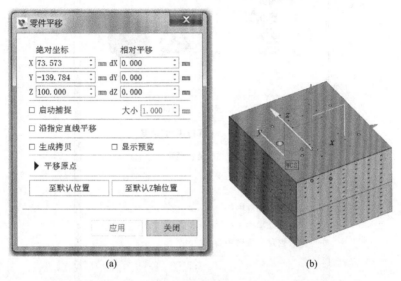

图 2-94　零件平移菜单及上模平移坐标系

鼠标靠近任意坐标轴，则该坐标轴呈加粗显示状态，此时按住鼠标左键可以拖动零件沿此坐标轴移动。将上模向右移动，使其移动到下模右侧，如图2-95所示。

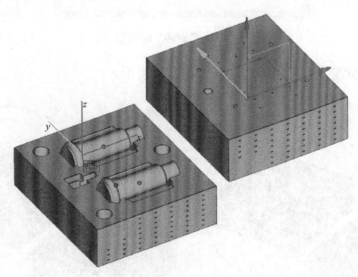

图 2-95　使用坐标轴平移上模零件

（2）旋转上模　打印时尽量使完整平面位于底部，所以要将上模零件上下颠倒方向。再次选中上模，单击工具选项卡中的"旋转"按钮，弹出"旋转"

对话框,设置旋转角度X为180°,回车,如图2-96所示。

图 2-96 "旋转"对话框

此时,上模零件上下翻转过来,如图2-97所示。

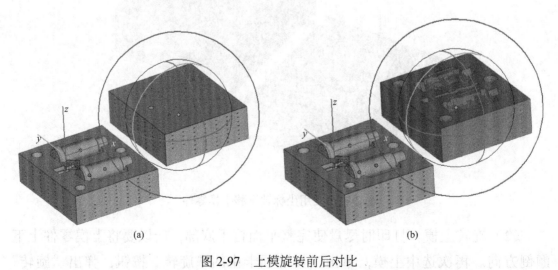

(a)   (b)

图 2-97 上模旋转前后对比

（3）调整所有零件的位置　使用平移和旋转命令，将上下模和两个型芯的位置调整到图2-98所示的状态。所有零件都位于第一象限，即X、Y、Z坐标均为非负值。

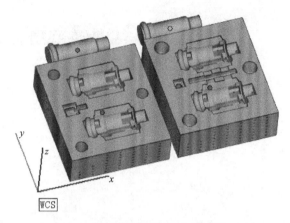

图2-98　调整位置后的镂空铸型零件

3. 合并零件并输出STL文件

框选调整位置的所有零件，单击"工具"选项卡中的"合并零件"，使其变为一个整体。选中此零件，单击"零件另存为"，在弹出的对话框中设置保存路径和名称，保存输出零件的STL文件。

四、中间轴承体镂空铸型切片生成

使用3DPSlice V1.3.0.0 PRO软件生成中间轴承体镂空铸型的3D打印切片。

1. 设置参数

打开3D打印切片工具软件，按之前任务的方法设置参数。

2. 载入模型

首先单击界面的"载入"按钮，弹出"打开模型"对话框，选取需要处理的模型文件，如图2-99所示；然后单击"打开"，成功加载后会弹出"模型已载入"的提示框，如图2-100所示。加载后会在主界面右侧显示该三维模型的尺寸信息，如图2-101所示。

3. 模型分层切片

通过界面可设置模型分层切片的起始层高和每层厚度，如图2-102所示。上

图 2-99　三维模型载入流程图（3）

图 2-100　"模型已载入"提示框（3）

三维模型尺寸			
	最小(mm)	最大(mm)	增量(mm)
X	185.951	1348.470	1162.519
Y	16.004	836.508	820.504
Z	0.000	200.000	200.000

图 2-101　三维模型载入后尺寸信息显示界面（3）

述选项设置完成后，即可点击"模型切片"按钮执行分层切片操作。分层切片执行完成后会弹出"切片已完成"提示框，如图2-103所示。

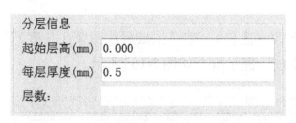

图 2-102　三维模型分层信息设置界面（3）

图 2-103　"切片已完成"提示框（3）

成功切片后，主界面右侧"分层信息"区域会显示切片的层数，左侧会显示分层切片预览图像，如图2-104所示。此时，通过左侧下方的滑块可以选择预览的当前层数，同时，可以进行图像的缩放控制，便于观察。

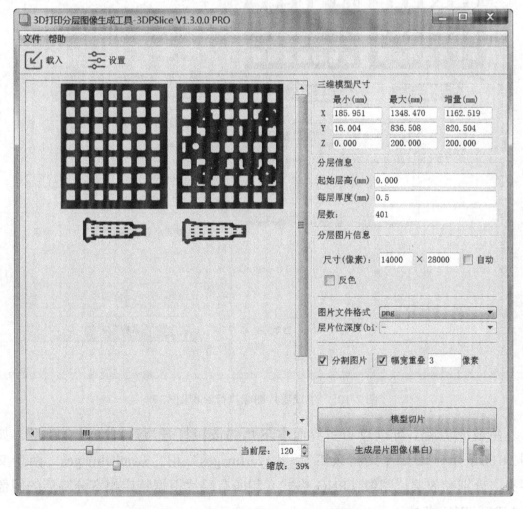

图 2-104　三维模型分层切片图像预览界面（3）

4. 生成分层图像

分层图像生成前，按之前的方法设置每层图像的大小、生成图像的格式及分割图像的大小。

设置完成后即可执行"生成层片图像（黑白）"或"生成层片图像（灰度）"操作，执行成功后会有"分层图片已生成"提示框，如图2-105所示。

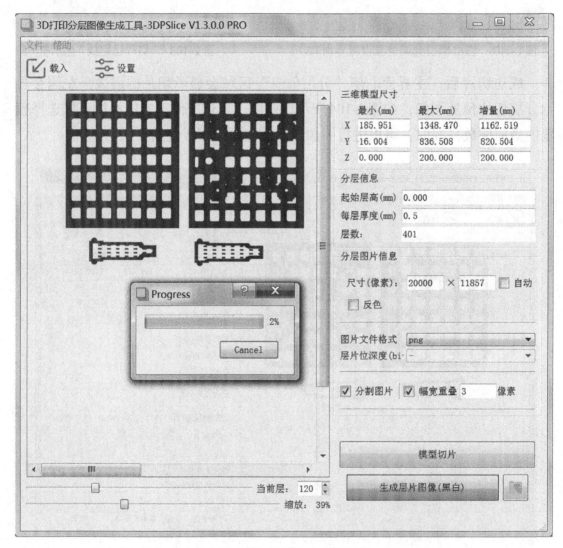

图 2-105　生成层片图像执行流程图（3）

生成成功后，可以点击主界面右下角的按钮打开层片图像所在目录，如图2-106所示。该文件夹目录下有"LayerImages"和"SwatheImages"两个文件夹，分别存放层片图像（PNG 格式）和所有层片根据特定幅宽分割后的图像（BMP 或 PNG 格式）。

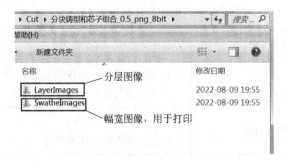

图 2-106　图像生成目录（3）

打印时需要选择"SwatheImages"文件夹中的图像进行载入打印。

打印前墨路系统设置、砂子的使用、打印注意事项、增材制造工艺流程卡见本项目任务一。

任务评价

任务评价表见表 2-5。

表 2-5　中间轴承体铸模的镂空设计及打印任务评价表

评价项目	评价内容	评价标准	配分	综合评价
任务完成情况评价	一体化镂空铸型设计	1. 符合设计要求 10 分 2. 基本符合设计要求 8 分 3. 不符合设计要求不得分	10	
	分块式镂空铸型设计	1. 符合设计要求 10 分 2. 基本符合设计要求 8 分 3. 不符合设计要求不得分	10	
	输出镂空铸型 STL 文件	1. 符合输出要求 10 分 2. 基本符合输出要求 8 分 3. 不符合输出要求不得分	10	
	镂空铸型切片生成	1. 符合生成要求 10 分 2. 不符合生成要求不得分	10	
	打印前墨路系统设置	1. 完成系统设置 10 分 2. 未完成系统设置不得分	10	
	正确使用及处理加工前后的砂子	1. 正确使用及处理砂子 10 分 2. 未正确使用及处理不得分	10	

续表

评价项目	评价内容	评价标准	配分	综合评价
任务完成情况评价	填写工艺流程卡 完成打印前后设备维护	1. 完成打印前、后各项工作 10 分 2. 未完成打印前、后各项工作不得分	10	
	独立完成零件打印	1. 完成零件打印 10 分 2. 未完成零件打印不得分	10	
职业素养	1. 遵守实训课堂纪律，做好个人实训安全防护措施	违反一次扣 2 分	5	
	2. 严格遵守安全生产规范，按规定操作设备	违反禁止性规定不得分	5	
	3. 严格按规程操作设备，使用后做好设备维护保养	违反一次扣 2 分	5	
	4. 具备团结、合作、互助的团队合作精神	违反一次扣 2 分	5	
总评			100	

高新科技知识拓展

灵巧镂空铸型制造

制造技术正向智能制造方向发展，铸造技术同样也正向智能铸造方向发展。液态金属浇注到铸造型腔中凝固成形的过程，决定了铸件的凝固组织和性能，同时也决定了铸件的补缩，以及铸件缩孔、缩松等各种缺陷的形成。因此铸件凝固过程的控制应该是智能铸造的最关键环节，面向铸件凝固过程控制的技术应该是智能铸造的核心。传统铸型主要以密实结构为主，这和传统的造型方法有关，同时也和铸造生产的粗放性有关。密实的铸型结构在本质上是笨重不灵活的，难以对其内部进行实时原位监测和局部控制操作，更难言实现灵活可控的智能铸造。智能铸造的实现离不开铸型的智能化，而铸型的智能化，首先是其结构的改变，由密实结构转变为镂空灵巧结构，为智能化奠定基础，因此迫切需要镂空结构概念及其设计与实现。所以，如何设计并构建灵巧铸型系统，实现对铸型的自动监测与智能控制，成为未来值得重点关注的课题，如图 2-107 所示。

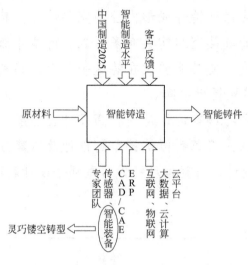

图 2-107　智能铸造

灵巧镂空结构可实现在铸造过程中按需调控铸型对铸件的冷却能力，并可创造出能够进行原位实时监测和闭环控制的空间。

对铸型进行灵巧镂空设计及构建，使其具备了局部冷却的调控能力，而且使得在其内部布置传感器进行监测成为可能，从而可实现根据性能和质量设计需求对铸件不同部位、不同时刻的冷却速度进行原位监测和闭环调控，如图 2-108 所示。

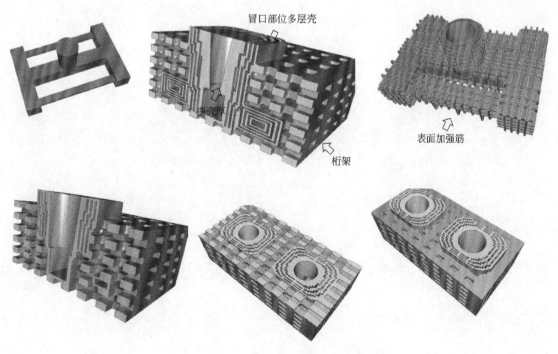

图 2-108　一体化镂空铸型设计案例

镂空铸型结构除应保证铸件成形内腔的完整性外，其他原来密实的部分镂空没有任何限制，因此其镂空结构具有多样性。铸型外部的镂空结构用于支撑壳型，保证壳型的强度，使其能够放在铸造平台上，起到自支撑作用，同时其镂空部分为控制冷却装置提供空间。

铸型（砂芯）的灵巧镂空设计是一种高设计自由度、可快速优化、科学合理高效的铸型设计方法，将革新传统铸型的设计及构建方法，甚至进一步反向影响铸件的拓扑优化设计，有望推动铸件铸型耦合设计新理论新技术的发展。

❓ 课后作业

1. 简述镂空铸型技术及其现实意义。
2. 简述应力框铸件一体化镂空铸型设计的原理。
3. 完成简单分块式铸型的镂空设计。

项目三
回转类铸模砂型 3D 打印

回转类铸模的共同特点是一般为回转体，圆周均布多个相同特征，具有圆柱内孔或外圆柱表面，工作在运动旋转的装置上。浇注系统一般由一个主横浇道与多个内浇道共同构成，排气棒或补缩冒口一般沿着圆周均匀设置4～6个即可。对于结构和轮廓简单的零件，一般一个平面即可作为模具的分型面，模具拆分后基本无需修模即可满足加工要求。

1. 理解回转类零件模具分型定位设计的原理。
2. 理解回转类零件浇注系统设计的原理。
3. 能使用UG软件完成回转类零件模具的分型定位设计。
4. 能合理制定回转类零件上、下模的打印加工工艺。
5. 能使用 Materialise Magics 21 软件进行回转零件排列摆放并输出 STL 文件。
6. 能使用 3DPSlice V1.3.0.0 PRO 软件生成回转零件铸模3D打印切片图片。
7. 能独立完成回转类零件的打印操作。

任务一
曲轴铸模的设计及打印

任务布置

曲轴零件是某设备的重要组装零件,如图3-1所示。曲轴的两端有弯曲的部位,轮廓复杂,车削和铣削不易加工,所以需使用砂型3D打印技术完成该零件模具的制作,然后用模具浇铸出该零件。要求合理地对曲轴零件进行浇注系统和分型定位设计,设置上、下模支撑和切片的相关参数,最后进行曲轴零件上、下模的砂型打印任务,完成零件检测及本任务的评价。

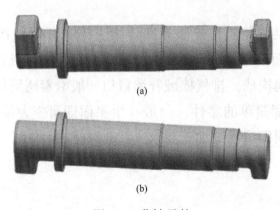

图 3-1 曲轴零件

任务目标

1. 理解曲轴零件模具分型定位设计的原理。
2. 掌握曲轴零件浇注系统设计的原理。
3. 能使用UG软件完成曲轴零件模具的分型定位设计。
4. 能合理制定曲轴零件上、下模的打印加工工艺。
5. 能使用Magics软件完成曲轴零件上、下模的切片处理。

6. 能独立完成曲轴零件的打印操作。

7. 能独立完成曲轴零件的检测和任务评价。

任务实施

一、曲轴零件浇注系统的设计

根据两根曲轴零件的结构特点和摆放位置设置横浇道、直浇道、浇口杯和浇口窝等，设置方法和参数要求正确合理，以保证零件的浇注质量。

1. 设置内浇道

以两根曲轴的中心轴线为基准创建草图，绘制两个矩形轮廓，两个矩形与曲轴相交，长度为80mm，宽度为20mm，参数合理即可，如图3-2所示。将内浇道的矩形轮廓对称拉伸，厚度为5mm，如图3-3所示。

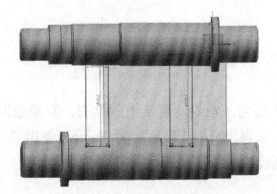

图 3-2　内浇道草图

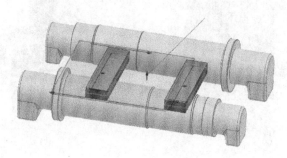

图 3-3　拉伸内浇道

2. 设置横浇道

以内浇道的顶面为基准创建草图，绘制矩形作为横浇道的轮廓，该矩形要求与两个内浇道的矩形相交，长度为150mm，宽度为20mm，尺寸参数合理即可，如图3-4所示。使用"拉伸"功能将横浇道的矩形轮廓向上拉伸20mm，矩形短边的侧面向内侧设置30°左右的拔模角度，如图3-5所示。

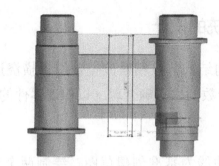

图3-4　创建草图（1）

图3-5　生成的横浇道

3. 设置直浇道

以横浇道的上表面为基准绘制直浇道的草图，直浇道的圆柱与横浇道轮廓相交，位置合理即可；直浇道的圆柱直径为30mm，使用"拉伸"功能将其拉伸为圆柱体，拉伸的高度为-20～80mm，尺寸参数合理即可，如图3-6所示。

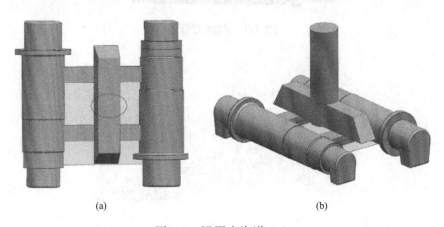

(a)　　　　　　　　　　　　(b)

图3-6　设置直浇道（1）

4. 设置浇口杯和浇口窝

在直浇道的上表面再创建一个圆柱体，该圆柱体要与直浇道同轴，直径设置为30mm，并且向上设置一定的拔模角度，该部位即为浇口杯。同理在直浇道的下表面创建一个半球体，与直浇道的圆柱同心，直径设置为30mm，该部位即为浇口窝。此步骤设置的浇口杯和浇口窝便于提高浇铸的精度与质量，设置的参数正确合理即可，如图3-7所示。

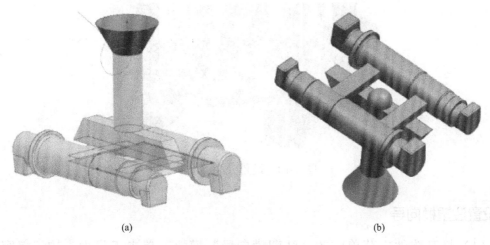

图 3-7　横浇道草图（1）

5. 设置出气棒

为了曲轴零件在浇注时方便排气，在曲轴零件的各个阶梯轴的顶部分别设置1个直径为6mm的圆柱体（其中长度较短的阶梯轴出气棒的直径为3mm），尺寸参数合理即可，拉伸的高度与浇口杯等高，如图3-8所示。至此曲轴零件的浇铸系统设计便完成了，如图3-9所示。

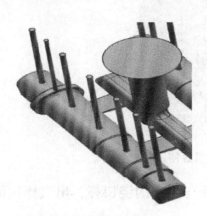 

图 3-8　设置出气棒（1）　　　　图 3-9　曲轴零件的浇注系统

二、曲轴零件的分型定位设计

1. 设置分型面

（1）打开UG12.0软件，导入曲轴零件模型。

（2）根据曲轴和浇注系统的特点，分型面设置在两根曲轴中心轴线的平面位置，如图3-10所示，然后单击"确定"关闭对话框。

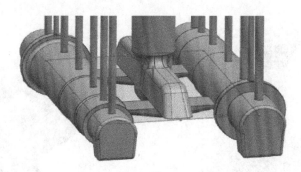

图3-10　设置分型面（1）

2. 设置注塑模向导

（1）打开软件主菜单中的"注塑模向导"模块，单击工具栏中的"包容体"弹出对话框，"类型"选择为"块"，"对象"选择"曲轴零件及浇注系统"，"参数"—"偏置"输入"100mm"，其余参数默认即可。此时设置好了曲轴零件的包容块，单击"确定"，如图3-11所示。

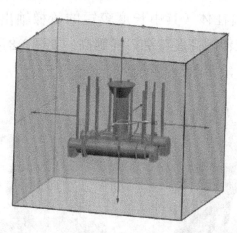

图3-11　设置曲轴的包容体

（2）使用"替换面"功能使包容块的顶面与曲轴的浇口杯、出气棒顶面齐平，如图3-12所示。

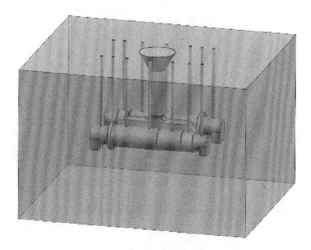

图 3-12　设置包容体（1）

3. 设置零件的包容体

（1）单击工具栏中的"减去"按钮弹出对话框，"目标"选择"包容块"，"工具"选择"曲轴零件及浇注系统"，单击"确定"。此时包容块内部有与曲轴零件轮廓和尺寸一致的型腔，如图3-13所示，然后使用"移除参数"功能将曲轴零件的包容块参数移除。

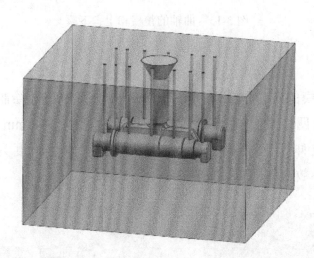

图 3-13　包容块内曲轴及浇注系统的型腔

（2）单击工具栏中的"拆分体"按钮弹出对话框，"目标"选择"包容块"，"工具"—"工具选项"选择"新建平面"，鼠标选择之前创建的分型面平面，以该平面为基准将曲轴的包容块分为两部分，单击"确定"，如图3-14所示。

（3）将包容块的参数移除，分别隐藏两个包容块和曲轴零件，检查内部型腔是否有问题，至此曲轴零件的分型设计完成，如图3-15所示。

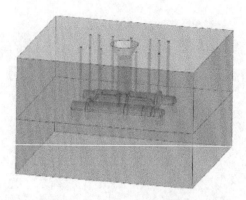

图 3-14　拆分曲轴的包容块

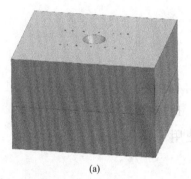
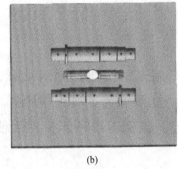
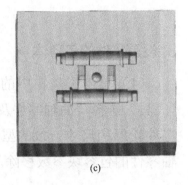

(a)　　　　　　　　　　(b)　　　　　　　　　　(c)

图 3-15　曲轴的整模和上、下模

4. 定位设计

（1）设置下模的定位圆锥体。以下模的分型面为基准绘制草图，在分型面四个角的适当位置绘制四个直径为"40mm"的圆，使用"拉伸"功能将四个圆拉伸为圆柱体，高度为"40mm"，尺寸参数合理即可，如图3-16（a）所示。

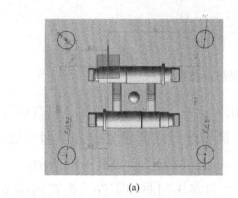
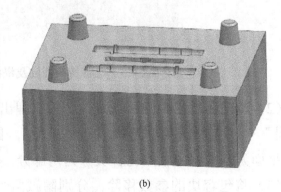

(a)　　　　　　　　　　　　　(b)

图 3-16　下模的定位设计（1）

（2）使用"拔模"功能对四个圆柱体进行拔模，拔模角度为"10°"，圆柱体变为圆锥体，具有了模具的定位功能。定位圆锥体的顶面边倒圆半径为"5mm"，将圆锥体和零件合并，如图3-16（b）所示。

（3）设置上模的定位圆锥孔。借助上一步骤创建好的定位圆锥体，使用"减去"功能（"目标"选择"上模"，"工具"选择"下模"），在上模的分型面处做出与下模定位圆锥体形状和尺寸一致的定位圆锥孔，圆锥孔边倒圆半径为"5mm"，如图3-17所示。将上、下模的参数移除，曲轴零件的分型定位设计完成，保存零件即可。

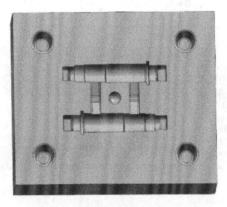

图 3-17　上模的定位设计（1）

5. 导出部件

将曲轴的上、下模分别导出为单独的部件，根据需要保存为使用的格式，自行命名和保存文件即可。

三、输出曲轴铸模STL文件

使用Magics进行零件摆放并输出STL文件。

1. 开启模型

开启Materialise Magics 21软件，依次单击"文件"—"加载"—"导入零件"，弹出"加载新零件"对话框，如图3-18所示。在对话框中选择文件，单击"开启文档"，打开曲轴文件，开启后如图3-19所示。

2. 调整零件位置

（1）如图3-20所示，单击"加工准备"选项卡下的"摆放&准备"按钮，

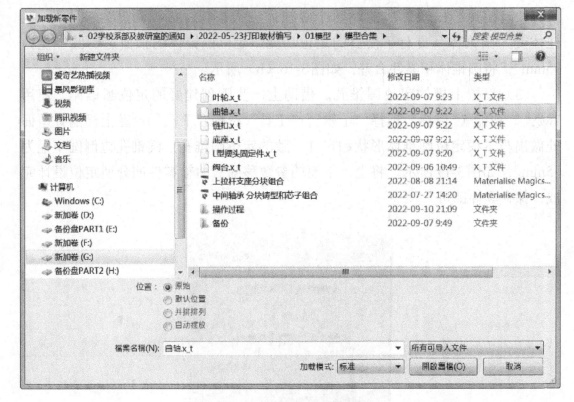

图 3-18 "加载新零件"对话框(3)

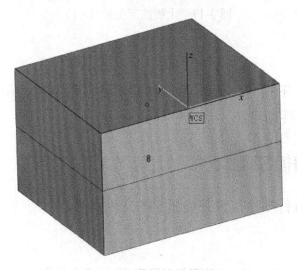

图 3-19 曲轴铸模模型

在下级菜单中选择"自动摆放",弹出"自动摆放"对话框;然后按默认设置单击"确认",则曲轴铸模的所有零件按设置自动分开,如图 3-21 所示。

(2)单击左键选中曲轴零件,然后单击右键在弹出的快捷菜单中选择"卸载所选零件",如图 3-22 所示。

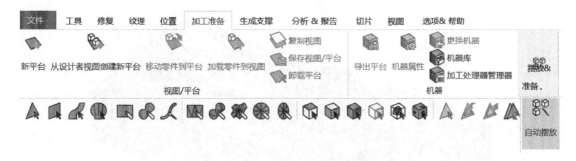

图 3-20 自动摆放功能选择（3）

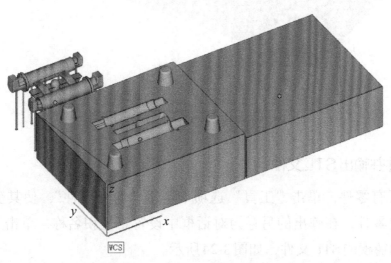

图 3-21 铸模零件自动摆放（3）

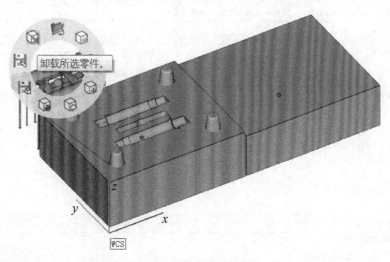

图 3-22 卸载曲轴零件

剩余上、下模即为所需摆放的零件，但右侧下模需要使用旋转命令使其翻转180°，使该零件相对平整的表面朝下放置，如图3-23所示。

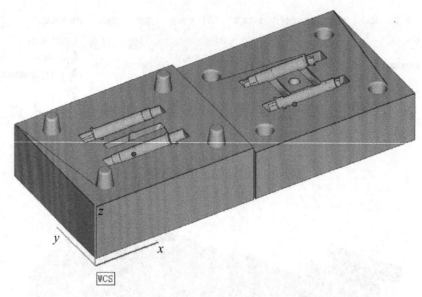

图 3-23　摆放好的铸模零件（1）

3. 合并零件并输出 STL 文件

框选所有零件，单击"工具"选项卡中的"合并零件"，使其变为一个整体。选中此零件，在弹出的另存为对话框中设置路径和名称，单击"存档"保存输出曲轴铸模的 STL 文件，如图 3-24 所示。

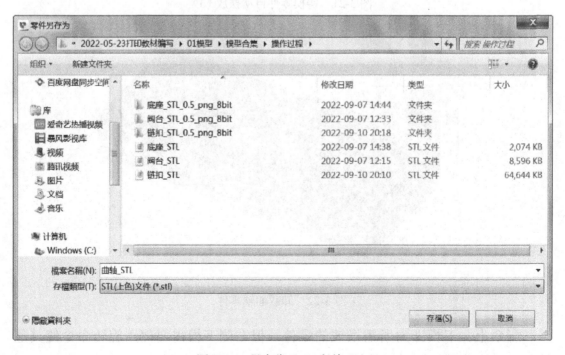

图 3-24　另存为 STL 文件（3）

四、曲轴铸模切片生成

3D打印分层图像生成工具（3DPSlice）是为数字化砂型打印精密成形机设计开发的一款三维模型分层图像生成工具。该工具可以将三维模型数据文件（STL格式）转换为数字化砂型打印精密成形机可用的图片（BMP或PNG格式）。接下来使用3DPSlice V1.3.0.0 PRO软件生成曲轴铸模的3D打印切片。

1. 设置参数

单击3D打印切片工具软件主界面上的"设置"按钮打开"设置"界面，如图3-25所示。

图3-25　3D打印分层图像生成工具主界面（2）

首先，根据设备所使用的3D打印头的分辨率和幅宽设置参数。分辨率为打印头的分辨率，单位为DPI；幅宽为打印头在长度方向上的喷嘴覆盖的像素宽度，单位为像素。这里以分辨率为360DPI、幅宽为1000像素的打印头为例进行设置，如图3-26所示。

其次，根据设备安装打印头的情况设定每个打印头的有效图像打印幅宽。

若设备仅安装了1个打印头,该打印头的有效图像打印幅宽即为打印头的幅宽。若设备安装了1个以上的打印头,由于机械加工及安装存在误差,很难达到多个打印头的无缝拼接。因此,设备在设计时采用打印头幅宽重叠的安装方式,如图3-27所示。图中有效图像的宽度即为其对应打印头的有效图像打印幅宽数值,单位为像素。该数值通常无法精确测出,可通过在纸上打印测试图案,根据所打印的图案效果进行调节,直至肉眼看不出图像重叠或者存在间隙。

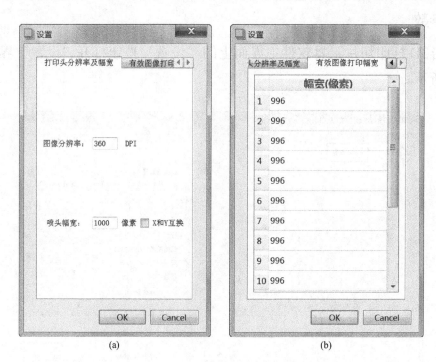

图 3-26　3D 打印分层图像生成工具参数设置界面(2)

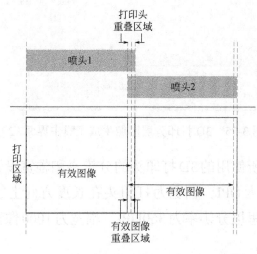

图 3-27　多打印头安装方式(2)

2. 载入模型

首先单击界面的"载入"按钮,弹出"打开模型"对话框,选取需要处理的模型文件,如图3-28所示;然后单击"打开",成功加载后会弹出"模型已载入"的提示框,如图3-29所示。加载后会在主界面右侧显示该三维模型的尺寸信息,如图3-30所示。

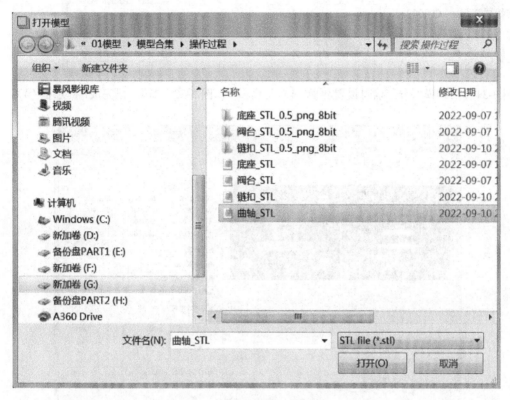

图3-28　三维模型载入流程图(4)

图3-29　"模型已载入"提示框(4)

图3-30　三维模型载入后尺寸信息显示界面(4)

3. 模型分层切片

通过界面可设置模型分层切片的起始层高和每层厚度,如图3-31所示。上述选项设置完成后,即可点击"模型切片"按钮执行分层切片操作。分层切片执行完成后会弹出"切片已完成"提示框，如图3-32所示。

成功切片后，主界面右侧"分层信息"区域会显示切片的层数，左侧会显示分层切片预览图像，如图3-33所示。此时，通过左侧下方的滑块可以选择预览的当前层数，同时，可以进行图像的缩放控制，便于观察。

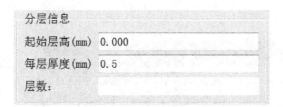

图3-31　三维模型分层信息设置界面（4）

图3-32　"切片已完成"提示框（4）

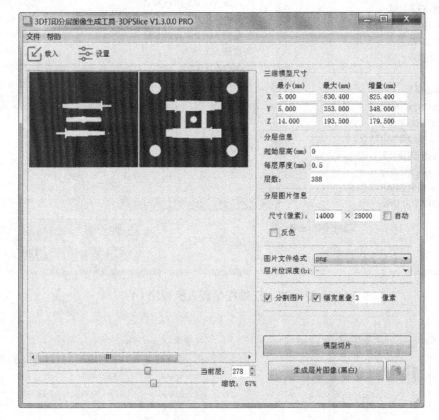

图3-33　三维模型分层切片图像预览界面（4）

4. 生成分层图像

（1）分层图像大小的设置　当设备工作在单向打印模式时，图像大小可以设置为"自动"，软件会根据模型的大小自动计算其在所设置分辨率下的图像大小。

当设备工作在双向打印模式时,图像大小需要根据设备的打印头数量及打印行程进行设定。其计算公式如下:

图像大小X值(像素)=打印头数量×打印头幅宽

图像大小Y值(像素)=打印行程(mm)×分辨率(DPI)/25.4

(2)生成图像格式的设置 生成图像的格式有3种可选,分别为1位深度BMP、4位深度BMP和PNG(8位深度),如图3-34所示。

图3-34 生成图像格式设置界面(2)

(3)分割图像的设置 图3-35所示的分割图像格式设置界面中,若不勾选"分割图片"选项,执行"生成层片图像"操作时,仅会生成每一层的切片图像。

勾选"分割图片"选项,执行"生成层片图像"操作时,在生成每一层切片图像的同时,会生成每层切片图像按照打印头幅宽分割的图像,如图3-35所示。

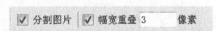

图3-35 分割图像格式设置界面(2)

在勾选了"分割图片"选项后,可以选择勾选"幅宽重叠"功能。该功能能够弥补多打印头拼接时,拼接处由于墨水量偏少带来的强度降低问题。"幅宽重叠"的数值即为"有效图像重叠区域",其含义为相邻的两个喷头在该区域会打印相同的图像数据,如图3-36所示。

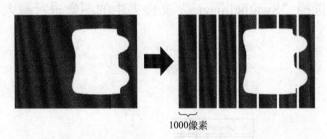

图3-36 每层切片图像按照1000像素幅宽分割示意图(2)

设置完成后即可执行"生成层片图像(黑白)"或"生成层片图像(灰度)"

操作，执行成功后会有"分层图片已生成"提示框，如图3-37所示。

图3-37　生成层片图像执行流程图（4）

生成成功后，可以点击主界面右下角的按钮打开层片图像所在目录，如图3-38所示。该文件夹目录下有"LayerImages"和"SwatheImages"两个文件夹，分别存放层片图像（PNG格式）和所有层片根据特定幅宽分割后的图像（BMP或PNG格式）。

打印时需要选择"SwatheImages"文件夹中的图像进行载入打印。

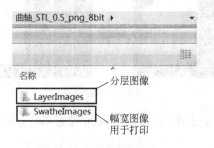

图3-38　图像生成目录（4）

五、打印前墨路系统设置

（1）除非长时间无生产任务，否则应保持墨路系统运行，勿切断墨路系统电源。

（2）每次打印产品前均要检查墨路系统是否为正常状态及喷头通信是否正常。

（3）打印之前戴上橡胶手套将喷头贴片取下，用无尘布蘸取异丙醇擦拭一下喷头。

六、砂子的使用

（1）对设备混砂桶、转接槽、铺砂槽内的砂子进行清理，并回收利用。

（2）砂箱进出。设备自动运行前，先手动操作将砂箱平台移动到左侧位置，向内调整位置后再移动到右侧，然后将砂箱固定气缸固定，点击砂箱搬运至右进电动机。这是个翻来覆去的过程。在砂箱平台运动过程中，操作人员一定要注意砂箱平台是否在规定位置及固定气缸必须打开。

（3）检查物料。首先检查盛放固化剂及树脂的容器是否足够，其次检查新旧砂的储砂桶内砂子是否足够。

（4）清理上砂机。产品打印之前将真空上砂机过滤容器内部的砂子清理干净，并将真空上砂机构的上部过滤网清理一下。

将蠕动泵的压把压下，模式调试至定量模式，点击"开始"，将固化剂管道内部的气体排出。

打印前查看单向阀和更换挤压管路位置，保证管路通畅。

七、打印注意事项

打印前及打印中的注意事项如下：

（1）设备在打印过程中如果出现故障，待故障清除后，打印故障前什么状态，就要恢复到什么状态，然后继续运行。

（2）打印过程中观察检测铺砂打印效果。

（3）如果出现设备必须初始化或者断电的现象，注意在重新加载图片时要从指定位置开始打印，只能加载奇数层图片。

（4）打印过程中过一段时间就要检查树脂及固化剂是否足够，如果不够要及时添加。

打印后的注意事项如下：

（1）产品打印结束，将设备打印 X 轴停在检修位置，擦拭打印喷头，贴上贴片，保证喷头处在保湿状态。

（2）打印完产品后至少等待一个小时才能将产品取出，然后清理设备内部及打印边框的砂子，并回收利用旧砂。

将混砂桶、转接槽、铺砂槽内的砂子清理干净，并清洁刮砂板。

八、设备维护指导书

3D 打印设备维护保养作业指导书见表 3-1。

表 3-1　3D 打印设备维护保养作业指导书

维护保养标准作业指导书	车间	设备编号	设备型号名称				版本号
	3D 打印车间	2022072B001	高效数字化砂型打印精密成形机（MP2000）				A1
维护保养简述			维护保养目录				
			序号	保养部位	保养周期	页数	保养部门
维护保养的对象为高效数字化砂型打印精密成形机（MP2000）设备，主要由真空上砂机构、称重混砂机构、转接槽装砂机构及铺砂打印机构等部分组成。定期维护保养的内容主要有：①机械方面，包括各个轴（打印 X、Y 轴等）同步带的松紧磨损及砂箱升降轴的润滑磨损等情况；各部件的定时清理（储砂桶过滤网、真空上砂过滤器、混砂桶、转接槽、铺砂机构、清洁机构、蠕动泵管道及刮砂板等）。②精度方面，包括刮砂板及打印图案等；墨路系统和喷头的日常维护保养等。主要目的是减少设备磨损，消除隐患，延长设备使用寿命，提高生产效率，保证生产精度，为完成生产任务在设备方面提供保障			1	喷头	每次打印	2	制造工程部
			2	墨泵过滤器	每 3 月	2	制造工程部
			3	清洁机构	每次打印	2	制造工程部
			4	蠕动泵管道（压把侧）	每次打印	3	制造工程部
			5	蠕动泵管道（单向阀侧）	每月	3	制造工程部
			6	刮板清洁	每次打印	3	制造工程部
			7	刮板精度	每月	4	设备与安环部
			8	真空上砂过滤器、储砂桶过滤器、混砂桶、转接槽、铺砂槽等	频次不同（详见后面具体内容）	4	制造工程部

续表

维护保养标准作业指导书	车间	设备编号	设备型号名称			版本号
	3D打印车间	2022072B001	高效数字化砂型打印精密成形机（MP2000）			A1
安全注意事项		现场准备	9	设备内部及砂箱砂子	每次打印	4	制造工程部

安全注意事项	现场准备	序号	项目	周期	等级	部门
1. 维护、检查作业应由两人进行，并定下一名负责人，相互保持联系。单独一人作业，有可能导致重大事故发生 2. 在进行维护、检查作业时，要通知监督人员、作业人员和周围的作业者，以免造成设备伤人事故。作业中要挂出"正在进行检查作业"的标识 3. 要穿戴好劳保用品（橡胶手套及口罩） 4. 进入机体切断电源	1. 按要求整顿设备现场 2. 准备相关工具和用品，包括口罩、橡胶手套、吸尘器、砂纸、刀片、内六角扳手、气枪、无尘布、工业酒精、喷头清洗液等	10	打印X、Y轴同步带的松紧	半年	5	设备与安环部
		11	砂箱升降轴的润滑	每月	5	设备与安环部
		12	储砂桶、混砂桶、漏砂口的密封性	每次打印	5	设备与安环部
		13	铺砂梁保养清洁	每次打印	6	制造工程部
		14	配电柜	每两月	6	制造工程部
		15	工作后整顿现场	每次打印后	6	制造工程部
核准		发布时间		第　页		共　页

九、增材制造工艺流程卡

增材制造工艺流程卡见表3-2。

表3-2 增材制造工艺流程卡

增材制造工艺流程卡				零件名称			工件结构图张贴处：
工件号： 排单码：		工件完成日期： 计划下发日期：		材质： 尺寸： 重量：			
序号	工序	工件编号	机台号	自检结果		备注	
1	方案设计			加工余量添加：【　】 铸造缩放比：【　】			
2	3D打印			外观：【　】 结构：【　】 尺寸：【　】			

项目三　回转类铸模砂型3D打印　105

续表

序号	工序	工件编号	机台号	自检结果		备注	说明:
3	铸造			结构: 尺寸:	【 】 【 】		1. 各工序的特殊要求添加至备注栏 2. 生产人员根据工艺流程卡领取加工工件,本工序加工完成后,进行自检并记录自检结果。自检结果合格,在【 】内划√;自检结果不合格,在【 】内划×,请备注不合格项 3. 工艺流程卡跟随产品一起向下个工序流转
4	机加工			外观: 结构: 尺寸:	【 】 【 】 【 】		
5	后制程			件号刻录: 表面处理:	【 】 【 】		
6	品质检验			外观: 结构: 尺寸: 性能:	【 】 【 】 【 】 【 】		

任务评价

任务评价表见表3-3。

表3-3 曲轴铸模的设计及打印任务评价表

评价项目	评价内容	评价标准	配分	综合评价
任务完成情况评价	浇注系统设计	1. 符合设计要求20分 2. 基本符合设计要求8分 3. 不符合设计要求不得分	20	
	分型定位设计	1. 符合设计要求10分 2. 基本符合设计要求8分 3. 不符合设计要求不得分	10	
	输出铸模STL文件	1. 符合输出要求10分 2. 基本符合输出要求8分 3. 不符合输出要求不得分	10	
	铸模切片生成	1. 符合操作要求10分 2. 不符合操作要求不得分	10	
	打印前墨路系统设置	1. 完成系统设置5分 2. 未完成系统设置不得分	5	
	正确使用及处理加工前后的砂子	1. 正确使用及处理砂子5分 2. 未正确使用及处理不得分	5	
	填写工艺流程卡 完成打印前后设备维护	1. 完成打印前、后各项工作10分 2. 未完成打印前、后各项工作不得分	10	

续表

评价项目	评价内容	评价标准	配分	综合评价
任务完成情况评价	独立完成零件打印	1. 完成零件打印 10 分 2. 未完成零件打印不得分	10	
职业素养	1. 遵守实训课堂纪律，做好个人实训安全防护措施	违反一次扣 2 分	5	
	2. 严格遵守安全生产规范，按规定操作设备	违反禁止性规定不得分	5	
	3. 严格按规程操作设备，使用后做好设备维护保养	违反一次扣 2 分	5	
	4. 具备团结、合作、互助的团队合作精神	违反一次扣 2 分	5	
总评			100	

任务二
底座铸模的设计及打印

任务布置

底座零件是某设备的重要组装零件，如图3-39所示。底座的尺寸精度和表面质量要求较高，内、外轮廓复杂，不易加工，需使用砂型3D打印技术完成该零件模具的加工。要合理地对底座零件进行浇注系统和分型定位设计，设置上、下模支撑和切片的相关参数，进行底座零件上、下模的砂型打印任务，完成零件检测及本任务的评价。

图 3-39　底座零件

任务目标

1. 理解底座零件模具分型定位设计的原理。
2. 理解底座零件浇注系统设计的原理。
3. 能使用UG软件完成底座零件模具的分型定位设计。
4. 能合理制定底座零件上、下模的打印加工工艺。
5. 能使用Magics软件完成底座零件上、下模的切片处理。
6. 能独立完成底座零件的打印操作。
7. 能独立完成底座零件的检测和任务评价。

任务实施

一、底座零件浇注系统的设计

根据底座零件的结构特点设置横浇道、直浇道、浇口杯和浇口窝等,设置方法和参数要求正确合理,以保证零件的浇注质量。

1. 设置直浇道

以底座的底平面为基准创建草图,在底平面绘制直浇道的草图轮廓,设置半径分别为390mm和450mm、宽度为150mm的扇形,如图3-40所示。注意该图形的上下对称于底平面的圆心。使用"拉伸"功能将直浇道的扇形轮廓向上拉伸16mm,得到图3-41所示的实体。

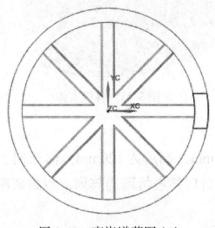

图3-40　直浇道草图(1)

图3-41　直浇道(1)

在直浇道上表面继续创建浇口杯草图,设置直径为165mm的圆,与底座及直浇道相交即可,如图3-42所示。将圆形草图向上拉伸134mm,拔模角度设置为15°,得到如图3-43所示的浇口杯实体。

2. 设置补缩冒口

以底座零件上表面为基准绘制冒口草图,直径设置为30mm,如图3-44所示。使用"拉伸"功能将其拉伸为圆柱体,拉伸的高度为30mm,如图3-45所示。

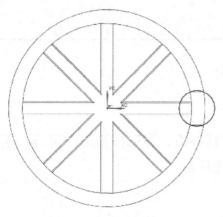

图 3-42　浇口杯草图

图 3-43　浇口杯实体

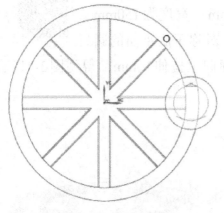

图 3-44　冒口草图

图 3-45　冒口实体

3. 设置冒口杯

在冒口的上表面设置冒口杯，直径为 30mm，高度为 120mm，然后向上设置 26° 的拔模角度，如图 3-46 所示。对冒口及冒口杯进行圆周阵列，得到底座浇注系统，如图 3-47 所示。

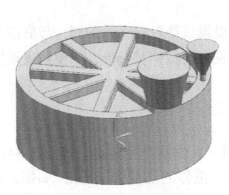

图 3-46　底座冒口杯

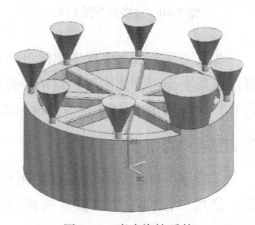

图 3-47　底座浇注系统

二、底座零件的分型定位设计

1. 创建包容体

(1)打开UG 12.0软件,导入底座零件模型。

(2)打开软件主菜单中的"注塑模向导"模块,单击工具栏中的"包容体"按钮弹出对话框,"类型"选择为"块","对象"选择"底座零件","参数"—"偏置"输入"100mm",其余参数默认即可。此时设置好了底座零件的包容块,单击"确定",如图3-48所示。

(3)使用"偏置区域"功能使包容块的顶面与底座的浇口杯顶面平齐,即顶面向下偏移100mm,如图3-49所示。

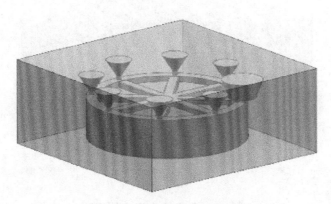

图3-48 创建底座的包容体

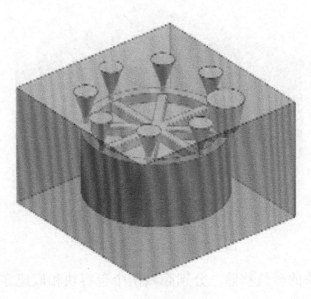

图3-49 顶面偏移

2. 设置注塑模向导

（1）单击工具栏中的"减去"按钮弹出对话框，"目标"选择"包容块"，"工具"选择"底座零件"，单击"确定"。此时包容块内部有与底座零件轮廓和尺寸一致的型腔，如图3-50所示，然后使用"移除参数"功能将底座零件的包容块参数移除。

（2）单击工具栏中的"拆分体"按钮弹出对话框，"目标"选择"包容块"，"工具"—"工具选项"选择"新建平面"，鼠标选择底座轮毂的下表面，将底座的包容块分为两个拆分体，如图3-51所示。

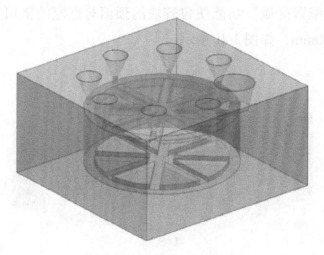

图3-50 包容块内底座的型腔

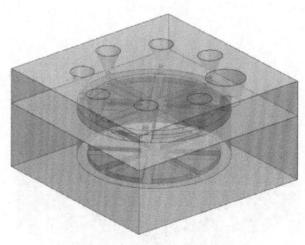

图3-51 拆分底座的包容块

（3）将包容块的参数移除，分别隐藏两个包容块和底座零件，检查内部型腔是否有问题。至此底座零件的分型设计完成，如图3-52～图3-54所示。

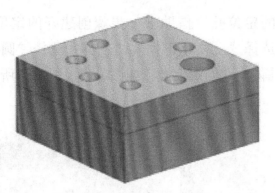

图 3-52　底座整模

图 3-53　底座上模

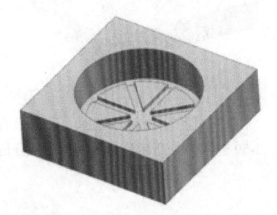

图 3-54　底座下模

3. 定位设计

（1）设置上模的定位孔　以上模的顶面为基准绘制草图，在距四个角的角点均为100mm的位置绘制直径为30mm的圆，如图3-55所示。使用"拉伸"功能将四个圆拉伸为圆柱体，高度为"贯通"，如图3-56所示。

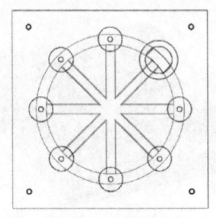

图 3-55　定位孔草图

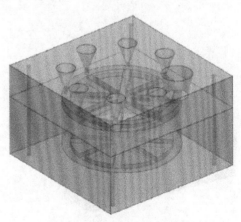

图 3-56　定位圆柱体

(2) 设置上、下模的定位孔 借助上一步骤创建好的定位圆柱体，使用"减去"功能（"目标"选择"上模和下模"，"工具"选择"圆柱体"），在上、下模分别做出与定位圆柱体一致的定位孔，如图3-57、图3-58所示。

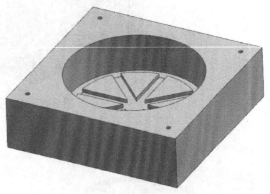

图 3-57　上模定位孔　　　　　　　　图 3-58　下模定位孔

(3) 检查干涉 将上、下模扣合在一起，进行简单干涉的检查。如图3-59～图3-61所示分别为添加定位孔的上、下模及干涉检查后的上、下合模。

图 3-59　添加定位孔的上模（1）

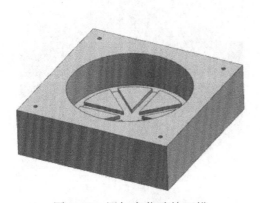
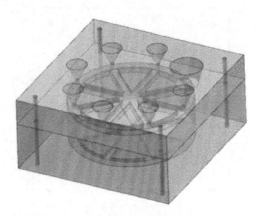

图 3-60　添加定位孔的下模　　　　　图 3-61　干涉检查后的上、下模（1）

4. 导出部件

将底座的上、下模分别导出为单独的部件，根据需要保存为使用的格式，自行命名和保存文件即可。

三、输出底座铸模 STL 文件

使用 Magics 进行零件摆放并输出 STL 文件。

1. 开启模型

开启 Materialise Magics 21 软件，依次单击"文件"—"载入"—"导入零件"，弹出"加载新零件"对话框，如图 3-62 所示。在对话框中选择文件，单击"开启文档"，打开底座文件，开启后如图 3-63 所示。

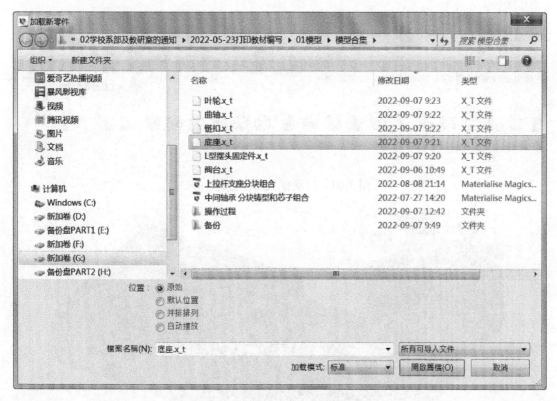

图 3-62 "加载新零件"对话框（4）

2. 调整零件位置

（1）单击"加工准备"选项卡下的"摆放&准备"按钮，如图 3-64 所示，在下级菜单中选择"自动摆放"，弹出"自动摆放"对话框；然后按默认设置单

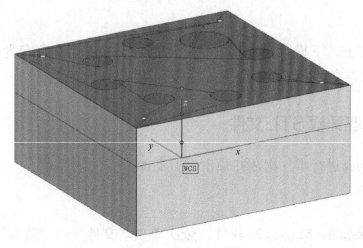

图 3-63 底座铸模模型

击"确认",则底座铸模的所有零件按设置自动分开,如图 3-65 所示。

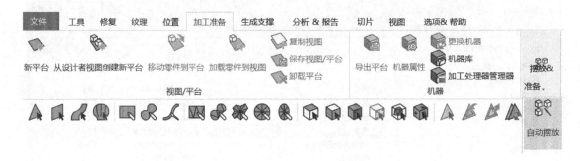

图 3-64 自动摆放功能选择(4)

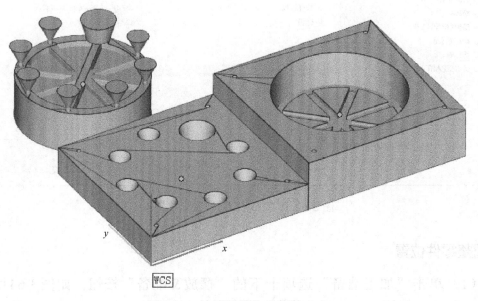

图 3-65 铸模零件自动摆放(4)

（2）单击左键选中底座零件，然后单击右键在弹出的快捷菜单中选择"卸载所选零件"，如图3-66所示。剩余上、下模即为所需摆放的零件，如图3-67所示。

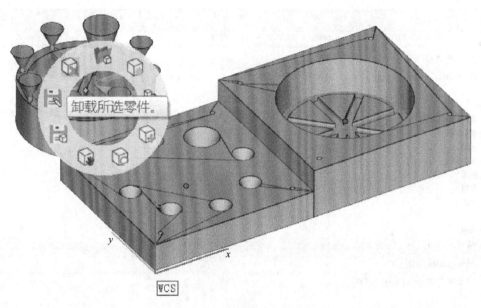

图3-66　卸载底座零件

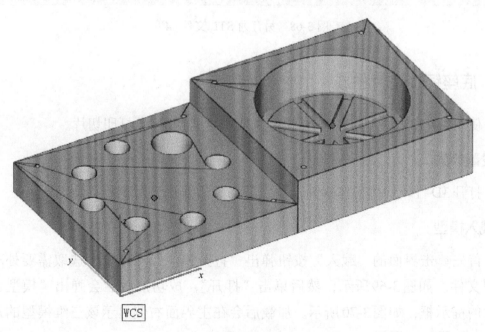

图3-67　摆放好的铸模零件（2）

3. 合并零件并输出STL文件

框选所有零件，单击"工具"选项卡中的"合并零件"，使其变为一个整体。选中此零件，在弹出的另存为对话框中设置路径和名称，单击"存档"保存输出底座铸模的STL文件，如图3-68所示。

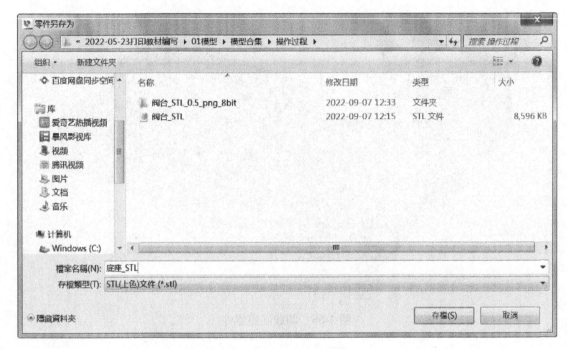

图3-68　另存为STL文件（4）

四、底座铸模切片生成

使用3DPSlice V1.3.0.0 PRO软件生成底座铸模的3D打印切片。

1. 设置参数

打开3D打印切片工具软件，按之前任务的方法设置参数。

2. 载入模型

首先单击界面的"载入"按钮弹出"打开模型"对话框，选取需要处理的模型文件，如图3-69所示；然后单击"打开"，成功加载后会弹出"模型已载入"的提示框，如图3-70所示。加载后会在主界面右侧显示该三维模型的尺寸信息，如图3-71所示。

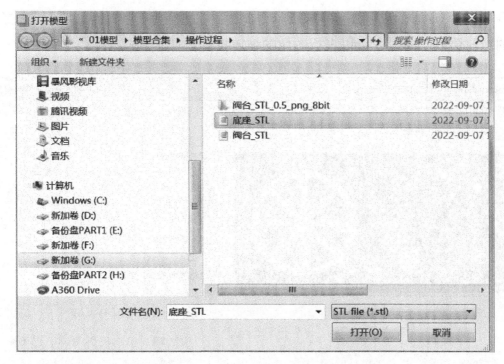

图 3-69　三维模型载入流程图（5）

图 3-70　"模型已载入"提示框（5）

图 3-71　三维模型载入后尺寸信息显示界面（5）

3. 模型分层切片

通过界面可设置模型分层切片的起始层高和每层厚度，如图 3-72 所示。上述选项设置完成后，即可点击"模型切片"按钮执行分层切片操作。分层切片执行完成后会弹出"切片已完成"提示框，如图 3-73 所示。

成功切片后，主界面右侧"分层信息"区域会显示切片的层数，左侧会显

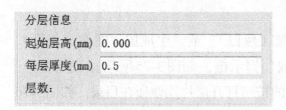

图 3-72　三维模型分层信息设置界面（5）

图 3-73　"切片已完成"提示框（5）

示分层切片预览图像,如图3-74所示。此时,通过左侧下方的滑块可以选择预览的当前层数,同时,可以进行图像的缩放控制,便于观察。

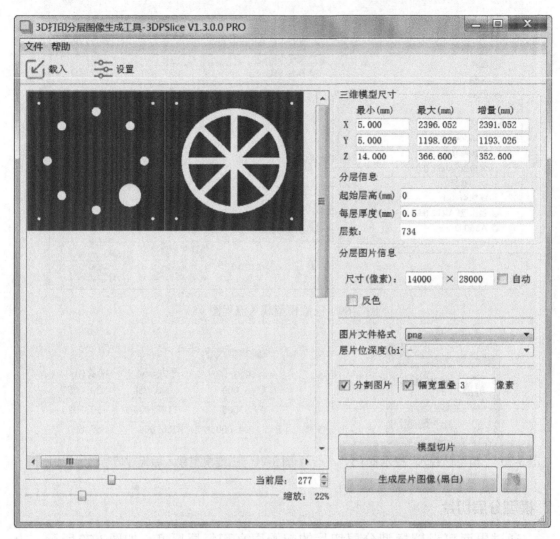

图3-74 三维模型分层切片图像预览界面(5)

4. 生成分层图像

分层图像生成前,按之前的方法设置每层图像的大小、生成图像的格式及分割图像的大小。

设置完成后即可执行"生成层片图像(黑白)"或"生成层片图像(灰度)"操作,执行成功后会有"分层图片已生成"提示框,如图3-75所示。

生成成功后,可以点击主界面右下角的按钮打开层片图像所在目录,如图3-76所示。该文件夹目录下有"LayerImages"和"SwatheImages"两个文件夹,分

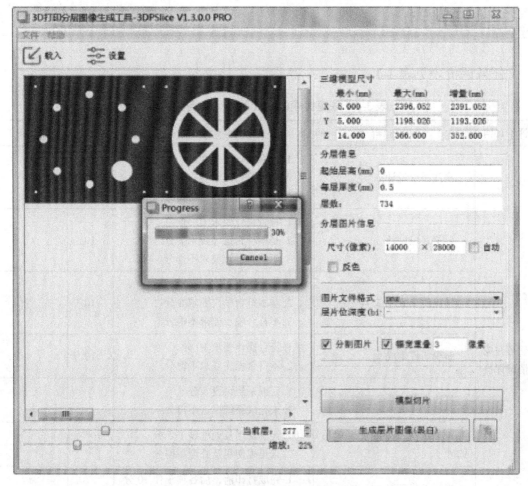

图 3-75　生成层片图像执行流程图（5）

别存放层片图像（PNG 格式）和所有层片根据特定幅宽分割后的图像（BMP 或 PNG 格式）。

打印时需要选择"SwatheImages"文件夹中的图像进行载入打印。

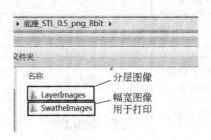

图 3-76　图像生成目录（5）

打印前墨路系统设置、砂子的使用、打印注意事项、增材制造工艺流程卡见本项目任务一。

任务评价

任务评价表见表3-4。

表3-4 底座铸模的设计及打印任务评价表

评价项目	评价内容	评价标准	配分	综合评价
任务完成情况评价	浇注系统设计	1. 符合设计要求 20 分 2. 基本符合设计要求 8 分 3. 不符合设计要求不得分	20	
	分型定位设计	1. 符合设计要求 10 分 2. 基本符合设计要求 8 分 3. 不符合设计要求不得分	10	
	输出铸模 STL 文件	1. 符合输出要求 10 分 2. 基本符合输出要求 8 分 3. 不符合输出要求不得分	10	
	铸模切片生成	1. 符合操作要求 10 分 2. 不符合操作要求不得分	10	
	打印前墨路系统设置	1. 完成系统设置 5 分 2. 未完成系统设置不得分	5	
	正确使用及处理加工前后的砂子	1. 正确使用及处理砂子 5 分 2. 未正确使用及处理不得分	5	
	填写工艺流程卡 完成打印前后设备维护	1. 完成打印前、后各项工作 10 分 2. 未完成打印前、后各项工作不得分	10	
	独立完成零件打印	1. 完成零件打印 10 分 2. 未完成零件打印不得分	10	
职业素养	1. 遵守实训课堂纪律，做好个人实训安全防护措施	违反一次扣 2 分	5	
	2. 严格遵守安全生产规范，按规定操作设备	违反禁止性规定不得分	5	
	3. 严格按规程操作设备，使用后做好设备维护保养	违反一次扣 2 分	5	
	4. 具备团结、合作、互助的团队合作精神	违反一次扣 2 分	5	
总评			100	

任务三

叶轮铸模的设计及打印

 任务布置

　　叶轮零件是某设备的重要组装零件，如图3-77所示。叶轮的尺寸精度和表面质量要求较高，内、外轮廓复杂，不易加工，需使用砂型3D打印技术完成该零件模具的打印加工。要求合理地对叶轮零件进行浇注系统和分型定位设计，设置上、中、下模支撑和切片的相关参数，进行叶轮零件上、中、下模的砂型打印任务，完成零件检测及本任务的评价。

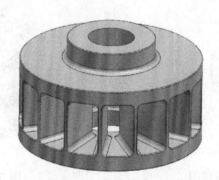

图 3-77　叶轮零件

 任务目标

1. 理解叶轮零件模具分型定位设计的原理。
2. 理解叶轮零件浇注系统设计的原理。
3. 能使用UG软件完成叶轮零件模具的分型定位设计。
4. 能合理制定叶轮零件上、中、下模的打印加工工艺。
5. 能使用Magics软件完成叶轮零件上、中、下模的切片处理。
6. 能独立完成叶轮零件的打印操作。
7. 能独立完成叶轮零件的检测和任务评价。

任务实施

一、叶轮零件浇注系统的设计

根据叶轮零件的结构特点设置横浇道、直浇道、浇口杯和浇口窝等,设置方法和参数要求正确合理,保证零件的浇注质量。

1. 设置横浇道

以叶轮的底平面为基准创建草图,在底平面绘制主横浇道的草图轮廓,设置半径分别为250mm和280mm、角度为120°的扇形,如图3-78所示。注意该图形的上下对称于底平面的圆心。使用"拉伸"功能将主横浇道的扇形轮廓向上拉伸30mm得到图3-79所示的实体。

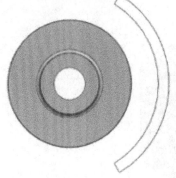

图 3-78　主横浇道草图

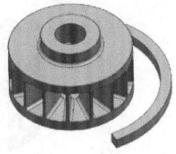

图 3-79　主横浇道

在主横浇道下表面继续创建支横浇道草图,在90°范围内分画三个宽度为38mm的矩形,与叶轮及主横浇道相交即可,如图3-80所示。将支横浇道草图向上拉伸10mm得到三个支横浇道,与主横浇道和叶轮实行合并,得到如图3-81

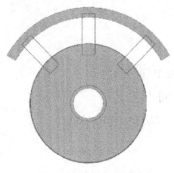

图 3-80　支横浇道草图

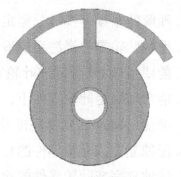

图 3-81　支横浇道实体

所示的支横浇道实体。

2. 设置直浇道

以横浇道下表面为基准绘制直浇道的草图，直浇道的圆柱与横浇道轮廓相交，位置合理即可；直浇道的圆柱直径为54mm，使用"拉伸"功能将其拉伸为圆柱体，拉伸的高度为230mm，如图3-82所示。

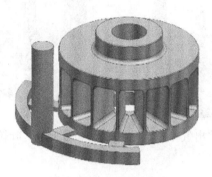

图 3-82　叶轮直浇道

3. 设置浇口杯和浇口窝

在直浇道的上表面再创建一个圆柱体，该圆柱体要与直浇道同轴，高度为90mm，并且向上设置30°的拔模角度，该部位即为浇口杯，如图3-83所示。同理在直浇道的下表面创建一个半球体，与直浇道的圆柱同心，直径为80mm，该部位即为浇口窝，如图3-84所示。整个叶轮浇道设计完成后如图3-85所示。

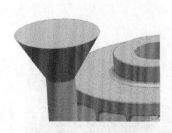  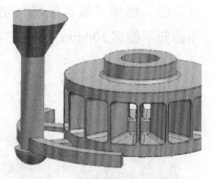

图 3-83　叶轮浇口杯　　　图 3-84　叶轮浇口窝　　　图 3-85　叶轮浇注系统

4. 设置出气棒

为了叶轮零件在浇注时方便排气，在叶轮零件顶部的两个表面分别设置6个直径为30mm、高度为160mm的圆柱体和4个直径为30mm、高度为120mm的圆柱体,拉伸的高度与浇口杯等高,如图3-86所示。至此叶轮零件的浇注系统设计完成,如图3-87所示。

 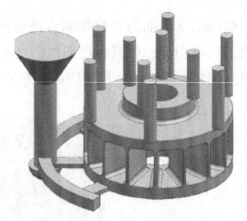

图 3-86　叶轮零件出气棒　　　　　　　图 3-87　叶轮零件浇注系统

二、叶轮零件的分型定位设计

1. 创建包容体

(1) 打开 UG 12.0 软件,导入叶轮零件模型。

(2) 打开软件主菜单中的"注塑模向导"模块,单击工具栏中的"包容体"按钮弹出对话框,"类型"选择为"块","对象"选择"叶轮零件","参数"—"偏置"输入"100mm",其余参数默认即可。此时设置好了叶轮零件的包容块,单击"确定",如图3-88所示。

(3) 使用"偏置区域"功能使包容块的顶面与叶轮的浇口杯顶面平齐,即顶面向下偏移100mm,如图3-89所示。

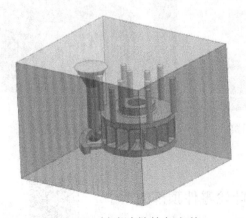 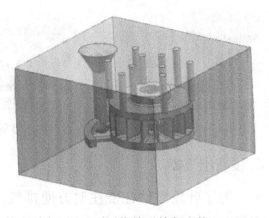

图 3-88　创建叶轮的包容体　　　　　　图 3-89　顶面偏移后的包容体(1)

2. 设置注塑模向导

（1）单击工具栏中的"减去"按钮弹出对话框，"目标"选择"包容块"，"工具"选择"叶轮零件"，单击"确定"。此时包容块内部有与叶轮零件轮廓和尺寸一致的型腔，如图3-90所示，然后使用"移除参数"功能将叶轮零件的包容块参数移除。

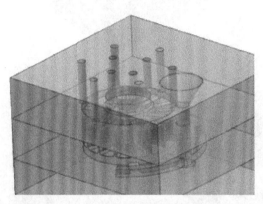

图 3-90 包容块内叶轮的型腔

（2）单击工具栏中的"拆分体"按钮弹出对话框，"目标"选择"包容块"，"工具"—"工具选项"选择"新建平面"，鼠标选择叶轮横浇道的下表面、叶轮圆柱上表面和凸缘上表面，以三个平面为基准将叶轮的包容块分为四个拆分体，然后将上面两个拆分体进行合并，得到上、中、下三部分，如图3-91所示。

（3）将包容块的参数移除，分别隐藏三个包容块和叶轮零件，检查内部型腔是否有问题，至此叶轮零件的分型设计完成，如图3-92所示。

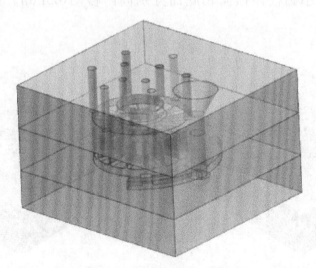

图 3-91 拆分叶轮的包容块

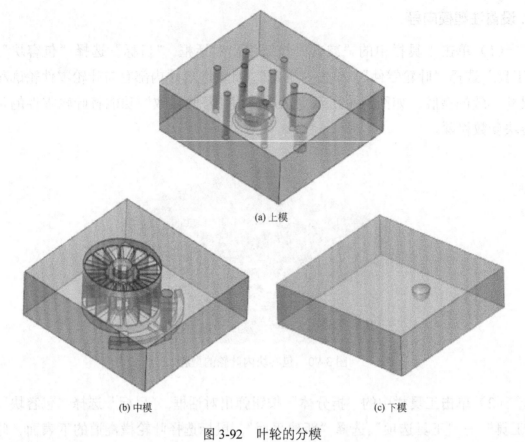

(a) 上模

(b) 中模　　　　　　　　　　　　　　　(c) 下模

图 3-92　叶轮的分模

（4）从上、中模可以看出，内部圆柱孔被横向切开。为了保证模具的精度，需要将圆柱孔的造型调整到一个砂模中，中模需要进行修改。将中间圆柱体部分与中模进行合并，如图 3-93 所示。为了防止中模与上、下模在装配时出现干涉，将中模的小圆柱体顶面和底面分别向内移动 0.5mm。修改后的中模如图 3-94 所示。

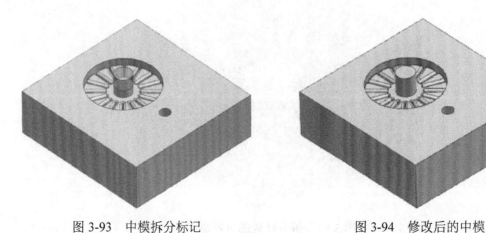

图 3-93　中模拆分标记　　　　　　　　图 3-94　修改后的中模

3. 定位设计

（1）设置中模的定位圆锥体扣。以中模的分型面为基准绘制草图，在分型面距四个角的角点均为100mm的位置绘制直径为40mm的圆，如图3-95所示。使用"拉伸"功能将四个圆拉伸为圆柱体，高度为"40mm"，拔模角度为7°，定位扣的顶面边倒圆半径为"5mm"，定位扣顶面向下偏移0.5mm，将定位扣和零件合并，如图3-96所示。

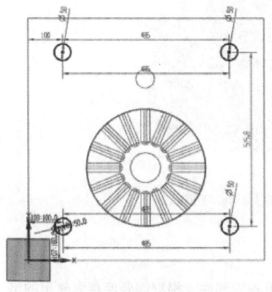

图 3-95　定位扣草图（1）

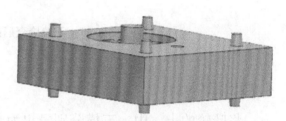

图 3-96　中模定位扣（1）

（2）设置上、下模的定位圆锥孔。借助上一步骤创建好的定位圆锥体，使用"减去"功能（"目标"选择"上模和下模"，"工具"选择"中模"），在上、下模分别做出与中模定位圆锥体一致的定位圆锥孔，圆锥孔边倒圆半径为"4mm"，如图3-97、图3-98所示。

图 3-97　添加定位孔的上模（2）

图 3-98　添加定位孔的下模

（3）检查干涉。将上、中、下模扣合在一起进行简单干涉的检查，如图3-99所示。

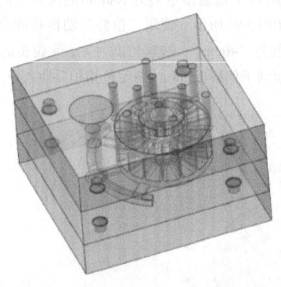

图 3-99　干涉检查后的上、中、下模（1）

4. 导出部件

将叶轮的上、中、下模分别导出为单独的部件，根据需要保存为使用的格式，自行命名和保存文件即可。

三、输出叶轮铸模 STL 文件

使用 Magics 进行零件摆放并输出 STL 文件。

1. 开启模型

开启 Materialise Magics 21 软件，依次单击"文件"—"载入"—"导入零件"，弹出"加载新零件"对话框，如图3-100所示。在对话框中选择文件，单击"开启文档"，打开叶轮文件，开启后如图3-101所示。

2. 调整零件位置

（1）单击"加工准备"选项卡下的"摆放＆准备"按钮，如图3-102所示，在下级菜单中选择"自动摆放"，弹出"自动摆放"对话框；然后按默认设置单击"确认"，则叶轮铸模的所有零件按设置自动分开，如图3-103所示。

图 3-100 "加载新零件"对话框(5)

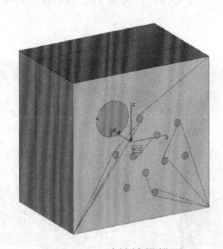

图 3-101 叶轮铸模模型

图 3-102 自动摆放功能选择(5)

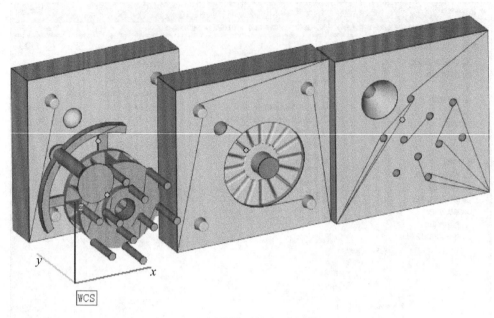

图 3-103　铸模零件自动摆放（5）

（2）卸载除了上、中、下模的所有零件，如图3-104所示。

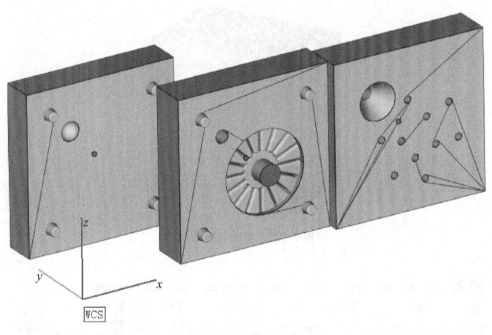

图 3-104　卸载叶轮零件

剩余上、中、下模即为所需摆放的零件，将零件翻转，使零件相对平整的表面朝下并在此重新自动摆放，如图3-105所示。

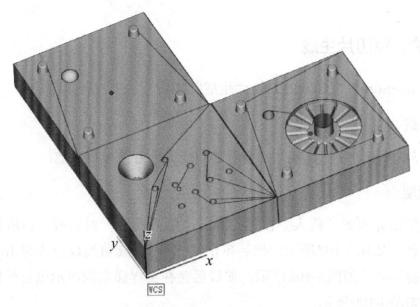

图 3-105　摆放好的铸模零件（3）

3. 合并零件并输出 STL 文件

框选所有零件，单击"工具"选项卡中的"合并零件"，使其变为一个整体。选中此零件，在弹出的另存为对话框中设置路径和名称，单击"存档"保存输出叶轮铸模的 STL 文件，如图 3-106 所示。

图 3-106　另存为 STL 文件（5）

四、叶轮铸模切片生成

使用3DPSlice V1.3.0.0 PRO软件生成叶轮铸模的3D打印切片。

1. 设置参数

打开3D打印切片工具软件，按照之前任务的方法设置参数。

2. 载入模型

首先单击界面的"载入"按钮，弹出"打开模型"对话框，选取需要处理的模型文件，如图3-107所示；然后单击"打开"，成功加载后会弹出"模型已载入"的提示框，如图3-108所示。加载后会在主界面右侧显示该三维模型的尺寸信息，如图3-109所示。

图3-107　三维模型载入流程图（6）

3. 模型分层切片

通过界面可设置模型分层切片的起始层高和每层厚度，如图3-110所示。上述选项设置完成后，即可点击"模型切片"按钮执行分层切片操作。分层切片

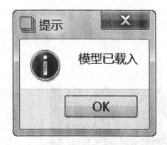

提示
模型已载入
OK

图 3-108 “模型已载入”提示框（6）

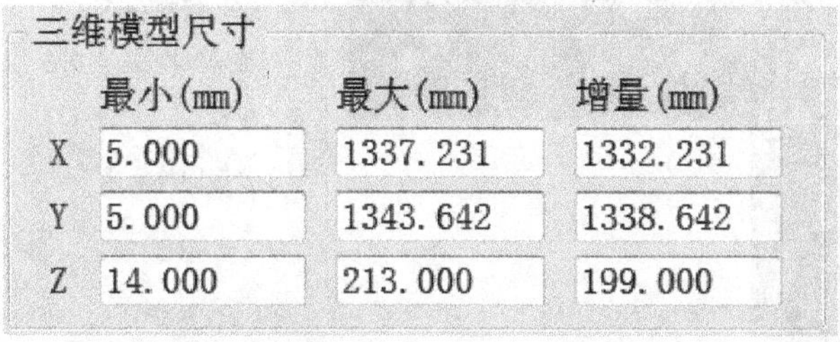
三维模型尺寸
最小(mm)
最大(mm)
增量(mm)
X 5.000 1337.231 1332.231
Y 5.000 1343.642 1338.642
Z 14.000 213.000 199.000

图 3-109 三维模型载入后尺寸信息显示界面（6）

执行完成后会弹出“切片已完成”提示框，如图3-111所示。

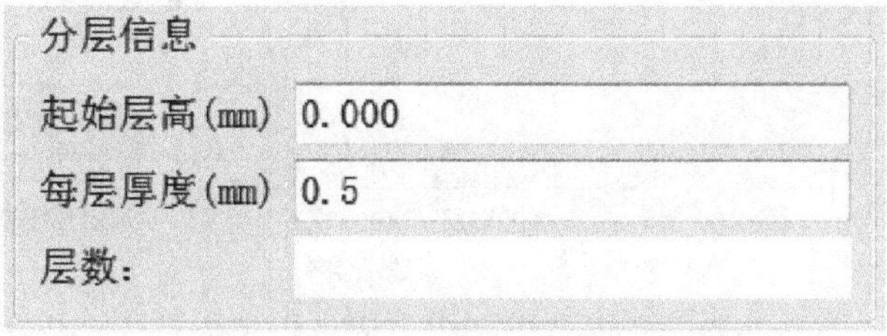
分层信息
起始层高(mm) 0.000
每层厚度(mm) 0.5
层数:

图 3-110 三维模型分层信息设置界面（6）

提示
切片已完成
OK

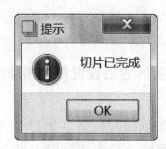

图 3-111 “切片已完成”提示框（6）

成功切片后，主界面右侧“分层信息”区域会显示切片的层数，左侧会显示分层切片预览图像，如图3-112所示。此时，通过左侧下方的滑块可以选择预览的当前层数，同时，可以进行图像的缩放控制，便于观察。

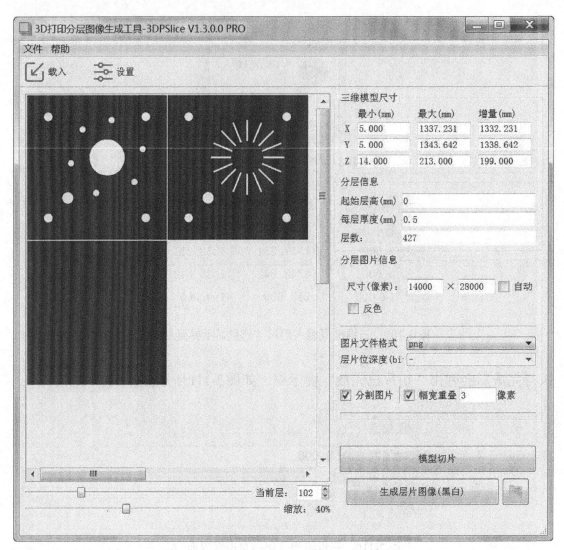

图 3-112　三维模型分层切片图像预览界面（6）

4. 生成分层图像

分层图像生成前，按之前的方法设置每层图像的大小、生成图像的格式及分割图像的大小。

设置完成后即可执行"生成层片图像（黑白）"或"生成层片图像（灰度）"操作，执行成功后会有"分层图片已生成"提示框，如图 3-113 所示。

生成成功后，可以点击主界面右下角的按钮打开层片图像所在目录，如图 3-114 所示。该文件夹目录下有"LayerImages"和"SwatheImages"两个文件夹，分别存放层片图像（PNG格式）和所有层片根据特定幅宽分割后的图像（BMP或PNG格式）。

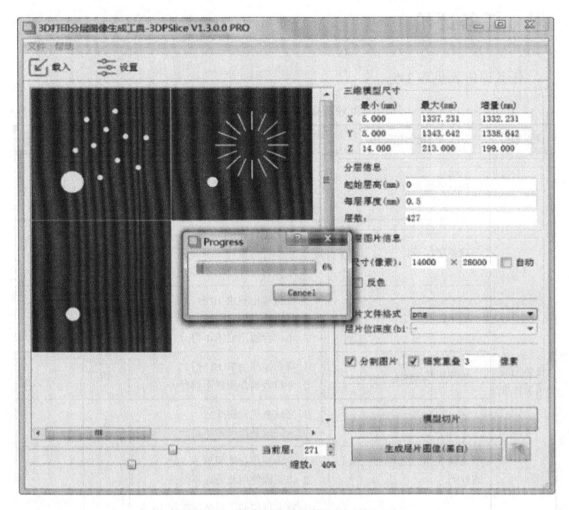

图 3-113　生成层片图像执行流程图（6）

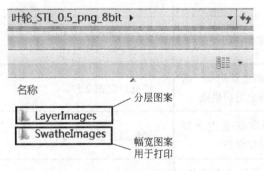

图 3-114　图像生成目录（6）

打印时需要选择"SwatheImages"文件夹中的图像进行载入打印。

打印前墨路系统设置、砂子的使用、打印注意事项、增材制造工艺流程卡见本项目任务一。

任务评价

任务评价表见表3-5。

表3-5 叶轮铸模的设计及打印任务评价表

评价项目	评价内容	评价标准	配分	综合评价
任务完成情况评价	浇注系统设计	1. 符合设计要求 20 分 2. 基本符合设计要求 8 分 3. 不符合设计要求不得分	20	
	分型定位设计	1. 符合设计要求 10 分 2. 基本符合设计要求 8 分 3. 不符合设计要求不得分	10	
	输出铸模 STL 文件	1. 符合输出要求 10 分 2. 基本符合输出要求 8 分 3. 不符合输出要求不得分	10	
	铸模切片生成	1. 符合操作要求 10 分 2. 不符合操作要求不得分	10	
	打印前墨路系统设置	1. 完成系统设置 5 分 2. 未完成系统设置不得分	5	
	正确使用及处理加工前后的砂子	1. 正确使用及处理砂子 5 分 2. 未正确使用及处理不得分	5	
	填写工艺流程卡 完成打印前后设备维护	1. 完成打印前、后各项工作 10 分 2. 未完成打印前、后各项工作不得分	10	
	独立完成零件打印	1. 完成零件打印 10 分 2. 未完成零件打印不得分	10	
职业素养	1. 遵守实训课堂纪律，做好个人实训安全防护措施	违反一次扣 2 分	5	
	2. 严格遵守安全生产规范，按规定操作设备	违反禁止性规定不得分	5	
	3. 严格按规程操作设备，使用后做好设备维护保养	违反一次扣 2 分	5	
	4. 具备团结、合作、互助的团队合作精神	违反一次扣 2 分	5	
总评			100	

高新科技知识拓展

以防爆接线盒零件为例,扫描与逆向设计展示见表3-6。

表3-6 防爆接线盒扫描及逆向建模

流程	图示	说明
原零件模型		通过三维扫描获取现有防爆接线盒的三维数据点云,在此基础上再进行三维建模得到三维数字化模型,并做产品的功能创新设计,然后用于铸造生产
1. 粘贴标志点		在零件圆弧面粘贴标志点作为翻转过渡区,以实现多次扫描数据的坐标系统一。粘贴标志点时应尽量粘贴在平面区域或者曲率较小的曲面,且距离工件边界较远一些;标志点不要粘贴在一条直线上,也不要对称粘贴;过渡区公共标志点至少为4个,应使相机在尽可能多的角度可以同时看到
2. 数据采集		1. 数据扫描时先将零件放置在转盘上,确定转盘和零件在扫描仪十字中间,如图所示;然后尝试旋转转盘一周,在软件实时显示区保证能够看到零件整体 2. 检查扫描仪与零件的距离,此距离可依据软件实时显示区红色十字和黑色十字重合确定,重合后距离约600mm为宜
3. 零件扫描		1. 正面数据采集 2. 过渡区扫描 3. 底部数据采集 4. 扫描数据保存

续表

流程	图示	说明
4. 数据处理	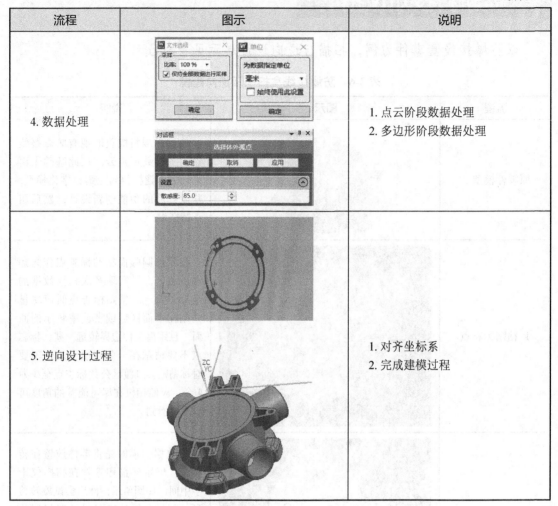	1. 点云阶段数据处理 2. 多边形阶段数据处理
5. 逆向设计过程		1. 对齐坐标系 2. 完成建模过程

❓ 课后作业

1. 制定回转类零件上、下模打印加工工艺。
2. 说明曲轴零件的分型定位设计过程。
3. 简述防爆接线盒扫描与逆向设计过程的操作要点。

项目四
支撑类铸模砂型 3D 打印

  项目导入

　　支撑类铸模的外形特征较复杂，有较大平面且高度尺寸较多，且一般有内孔及凹模结构，分模后出现倒扣等现象，后期工序需要修模、重新合模或增加芯模等处理。分模一般要用两个平面将铸件模型分成 3 个模。根据铸模的形状特点，冒口需要设置多个高度不同、形状不同的梯形体、锥形体、圆柱体等。当冒口高度不一致时，每个冒口均需要设置排气孔，以方便排气，防止铸模产生缺陷。

 项目目标

1. 理解支撑类零件模具分型定位设计的原理。
2. 理解支撑类零件浇注系统设计的原理。

3. 能使用UG软件完成支撑类零件模具的分型定位设计。

4. 能合理制定支撑类零件上、下模的打印加工工艺。

5. 能使用Materialise Magics 21软件进行L型摆头固定件铸模、链扣铸模、阀台铸模零件排列摆放并输出STL文件。

6. 能使用3DPSlice V1.3.0.0 PRO软件生成L型摆头固定件铸模、链扣铸模、阀台铸模3D打印切片图片。

7. 能独立完成支撑类零件的打印操作。

任务一
L型摆头固定件铸模的设计及打印

 任务布置

　　L型摆头固定件零件是某设备的重要组装零件,如图4-1所示。L型摆头固定件的尺寸精度和表面质量要求较高,内、外轮廓复杂,不易加工,需要使用砂型3D打印技术完成该零件模具的加工。要求对L型摆头固定件零件进行浇注系统和分型定位设计,设置上、中、下模支撑和切片的相关参数,最后进行L型摆头固定件零件上、中、下模的砂型打印任务,完成零件检测及本任务的评价。

图4-1　L型摆头固定件

 任务目标

1. 理解L型摆头固定件零件模具分型定位设计的原理。
2. 理解L型摆头固定件零件浇注系统设计的原理。
3. 能使用UG软件完成L型摆头固定件零件模具的分型定位设计。
4. 能合理制定L型摆头固定件零件上、中、下模的打印加工工艺。
5. 能使用Magics软件完成L型摆头固定件零件上、中、下模的切片处理。
6. 能独立完成L型摆头固定件零件的打印操作。
7. 能独立完成L型摆头固定件零件的检测和任务评价。

任务实施

一、L型摆头固定件零件浇注系统的设计

根据L型摆头固定件零件的结构特点设置横浇道、直浇道、浇口杯和浇口窝等，设置方法和参数要求正确合理，以保证零件的浇注质量。

1. 设置直浇道

以L型摆头固定件的底平面为基准创建草图，在底平面绘制浇道的草图轮廓，设置直径为70mm的圆形，如图4-2所示。使用"拉伸"功能将直浇道的圆形轮廓向上拉伸360mm，拔模斜度设置为1.5°，得到图4-3所示的实体。

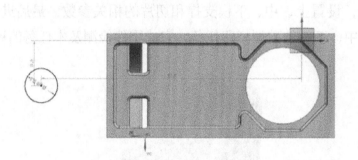

图4-2 直浇道草图（2）

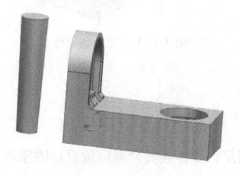

图4-3 直浇道（2）

2. 设置浇口杯和浇口窝

在直浇道的上表面再创建一个圆锥体，该圆锥体与直浇道同心，直径为130mm，高度为70mm，并且向上设置20°的拔模角度，然后在圆锥体上部设置直径为180mm、高度为40mm圆柱体，该部位即为浇口杯，如图4-4所示。同理

在直浇道的下表面创建浇口窝，其草图与直浇道的圆柱同轴（图4-5），直径为84mm，旋转生成的实体如图4-6所示。

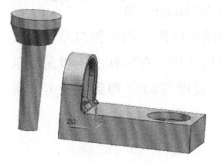 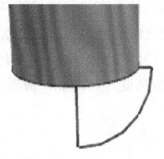 

图4-4　L型摆头固定件浇口杯　　　图4-5　浇口窝草图（1）　　　图4-6　L型摆头固定件浇口窝

3. 设置横浇道和内浇口

在直浇道下表面继续创建横浇道草图，宽度为330mm，圆弧半径分别为285mm和325mm，长度为350mm，如图4-7所示。将横浇道草图向上拉伸25mm得到横浇道实体，如图4-8所示。在横浇道下表面绘制三个长90mm、宽30mm的矩形草图，如图4-9所示。草图向下拉伸10mm，得到如图4-10所示的内浇口实体。

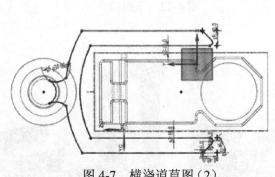 

图4-7　横浇道草图（2）　　　　　图4-8　横浇道实体

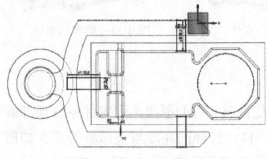 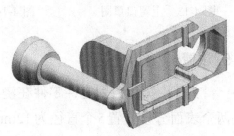

图4-9　内浇口草图　　　　　　　图4-10　内浇口实体

4. 设置补缩冒口

以零件右端面为基准绘制下冒口的草图，如图4-11所示。使用"拉伸"功能将其拉伸为实体，拉伸的高度为210mm，如图4-12所示。在零件的前后对称中心面上绘制如图4-13所示的上冒口草图，双向拉伸高度为190mm，得到如图4-14所示的上冒口实体。在零件的上表面绘制草图，直径40mm，拉伸高度为110mm，拔模斜度设置为10°，得到如图4-15所示的锥冒口实体。

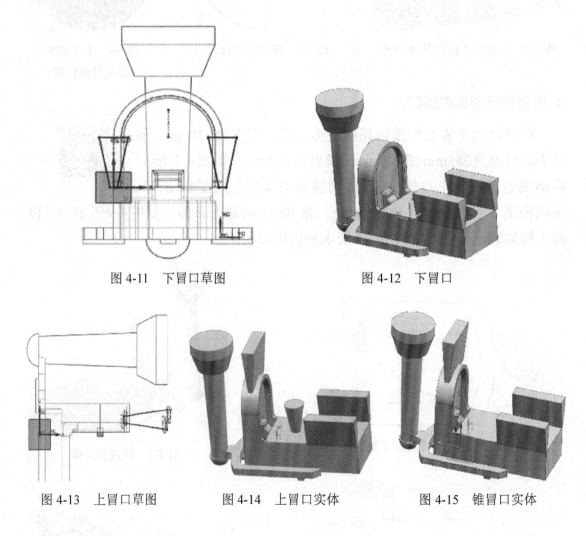

图4-11 下冒口草图　　　　图4-12 下冒口

图4-13 上冒口草图　　图4-14 上冒口实体　　图4-15 锥冒口实体

5. 设置出气棒

为了L型摆头固定件零件在浇注时方便排气，在L型摆头固定件零件顶部的两个表面分别设置5个直径为12mm的圆柱体，拉伸的高度与浇口杯等高，如图4-16所示。至此L型摆头固定件零件的浇注系统设计完成，如图4-17所示。

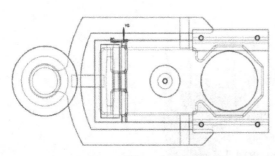

图 4-16　L 型摆头固定件零件

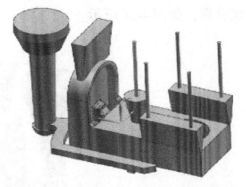

图 4-17　L 型摆头固定件零件浇注系统

二、L 型摆头固定件零件的分型定位设计

1. 创建包容体

（1）打开 UG12.0 软件,导入 L 型摆头固定件零件模型。

（2）打开软件主菜单中的"注塑模向导"模块,单击工具栏中的"包容体"按钮弹出对话框,"类型"选择为"块","对象"选择"L 型摆头固定件零件","参数"—"偏置"输入"100mm",其余参数默认即可。此时设置好了 L 型摆头固定件零件的包容块,单击"确定",如图 4-18 所示。

（3）使用"移动面"功能使包容块的顶面与 L 型摆头固定件的浇口杯顶面平齐,即顶面向下偏移 100mm,如图 4-19 所示。

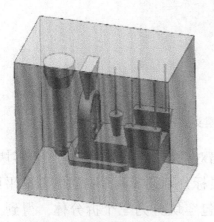

图 4-18　创建 L 型摆头固定件

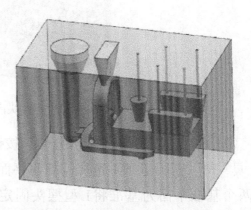

图 4-19　顶面偏移后的包容体（2）

2. 设置注塑模向导

（1）构造基准面。分别以直浇道下表面和冒口上表面构造两个基准面来后

续分模,如图4-20所示。

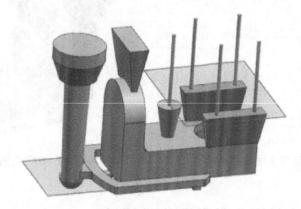

图4-20 构建基准平面

(2)单击工具栏中的"减去"按钮弹出对话框,"目标"选择"包容块","工具"选择"L型摆头固定件零件",单击"确定"。此时包容块内部有与L型摆头固定件零件轮廓和尺寸一致的型腔,如图4-21所示,然后使用"移除参数"功能将L型摆头固定件零件的包容块参数移除。

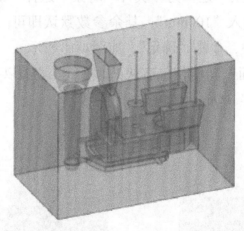

图4-21 包容块内L型摆头固定件

(3)单击工具栏中的"拆分体"按钮弹出对话框,"目标"选择"包容块","工具"—"工具选项"选择"新建平面",鼠标分别选择两个构建的基准平面,以两个基准平面为基准将L型摆头固定件的包容块分为三个拆分体,得到上、中、下三部分,如图4-22所示。

(4)将包容块的参数移除,分别隐藏三个包容块和L型摆头固定件零件,检查内部型腔是否有问题,至此L型摆头固定件零件的分型设计完成,如图4-23所示。

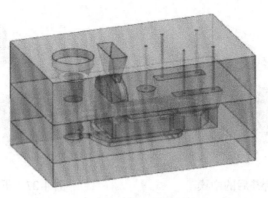

图 4-22 拆分 L 型摆头固定件包容块

(a) 上模　　　　　　　　　(b) 中模　　　　　　　　　(c) 下模

图 4-23 L 型摆头固定件的分模

（5）修改分模。从上模可以看出，内部半圆柱部分出现倒扣现象，需要进行修改。先构建圆柱包容体，如图 4-24 所示；再偏移端面向右 50mm，进行布尔相交后得到活块的实体；最后进行布尔相减运算得到如图 4-25 所示的实体。为了保证模具的精度，需要将圆柱孔的造型调整到一个砂模中，所以中模需要进行修改。将圆柱包容体部分与中模进行合并，如图 4-26 所示。

为了确保零件底部的空心结构，需要对下模进行修改。将中模沿底部上凹顶面进行拆分体分模，如图 4-27 所示。进行合并后得到如图 4-28 所示的凹槽的型腔。与下模进行合并后得到新的下模，如图 4-29 所示。

图 4-24 构建圆柱包容块图　　　　　图 4-25 布尔相减后的上模

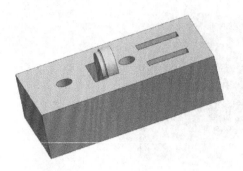

图 4-26 布尔合并后的中模

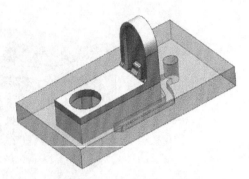

图 4-27 拆分后的中模

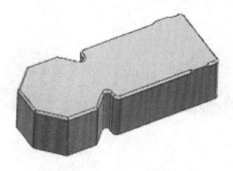

图 4-28 凹槽的型腔

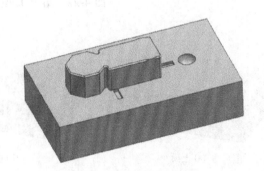

图 4-29 修改后的下模

3. 定位设计

（1）设置中、下模的定位圆锥体扣。以下模的顶面为基准绘制草图，在平面上距四个角的角点均为80mm和100mm的位置绘制直径为50mm的圆，如图4-30所示。使用"拉伸"功能将四个圆拉伸为圆柱体，高度为40mm，拔模角度设置为7°，如图4-31所示。使用相同的方法得到中模的上表面圆锥定位扣，如图4-32、图4-33所示。

（2）设置上、中、下模的定位圆锥孔。借助上一步骤创建好的定位圆锥体，使用"减去"功能（"目标"选择"上模"，"工具"选择"定位扣"），在上模

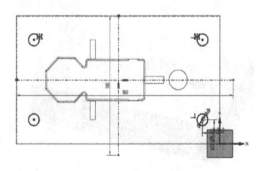

图 4-30 下模定位扣草图

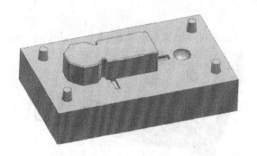

图 4-31 下模定位扣（1）

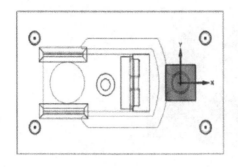
图 4-32 中模定位扣草图

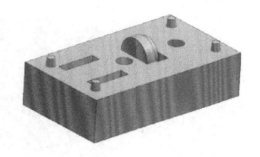
图 4-33 中模定位扣（2）

做出与中、下模定位圆锥体一致的定位圆锥孔，圆锥孔边倒圆半径为"4mm"，如图4-34所示。将定位扣与中模合并后，为保证装配时不干涉，将四个顶面向下移动0.5mm，定位扣倒圆角半径为"5mm"，如图4-35所示。使用相同的方法得到添加定位扣孔的中模底面，将如图4-36所示的面向下偏移0.5mm，得到中模。使用相同的方法，下模与拉伸圆柱体合并后，顶面向下偏移0.5mm，得到如图4-37所示的下模。

（3）检查干涉。将上、中、下模扣合在一起进行简单干涉的检查，如图4-38所示。

图 4-34 添加定位孔的上模（3）

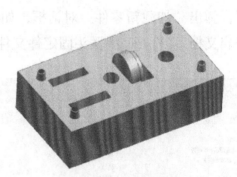
图 4-35 中模顶面偏移

图 4-36 偏移面后的中模

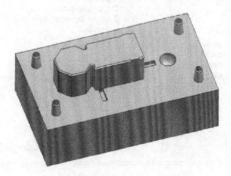
图 4-37 偏移面后的下模

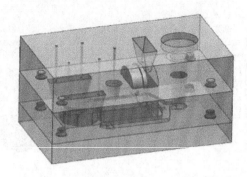

图 4-38 干涉检查后的上、中、下模（2）

4. 导出部件

将 L 型摆头固定件的上、中、下模分别导出为单独的部件，根据需要保存为使用的格式，自行命名和保存文件即可。

三、输出 L 型摆头固定件铸模 STL 文件

使用 Magics 进行零件摆放并输出 STL 文件。

1. 开启模型

开启 Materialise Magics 21 软件，依次单击"文件"—"载入"—"导入零件"，弹出"加载新零件"对话框，如图 4-39 所示。在对话框中选择文件，单击"开启文档"，打开 L 型摆头固定件文件，开启后如图 4-40 所示。

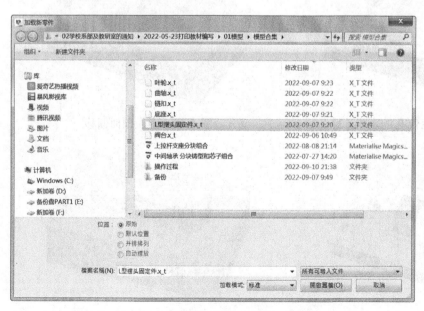

图 4-39 "加载新零件"对话框（6）

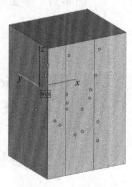

图 4-40 L 型摆头固定件铸模模型

砂型 3D 打印技术

2. 调整零件位置

(1) 单击"加工准备"选项卡下的"摆放&准备"按钮，在下级菜单中选择"自动摆放"，弹出"自动摆放"对话框，如图4-41所示；然后按默认设置单击"确认"，则L型摆头固定件铸模的所有零件按设置自动分开，如图4-42所示。

(2) 卸载除了上、中、下模的所有零件，如图4-43所示。

图 4-41 自动摆放功能选择（6）

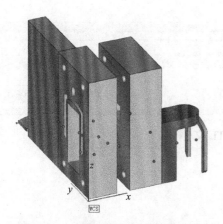 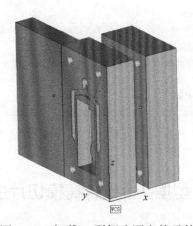

图 4-42 铸模零件自动摆放（6）   图 4-43 卸载 L 型摆头固定件零件

剩余上、中、下模即为所需摆放的零件，将零件翻转，使零件相对平整的表面朝下并在此重新自动摆放，如图4-44所示。

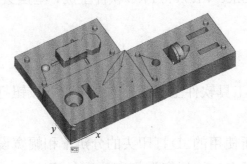

图 4-44 摆放好的铸模零件（4）

3. 合并零件并输出 STL 文件

框选所有零件，单击"工具"选项卡中的"合并零件"，使其变为一个整体。选中此零件，在弹出的另存为对话框中设置路径和名称，单击"存档"保存输出 L 型摆头固定件铸模的 STL 文件，如图 4-45 所示。

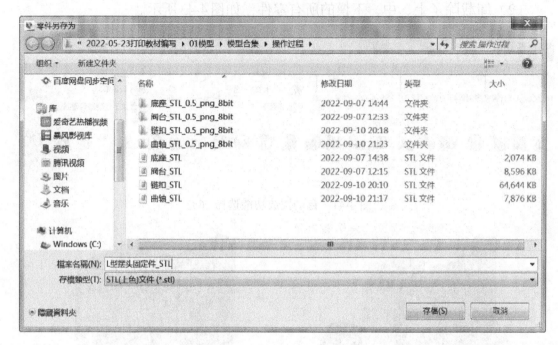

图 4-45　另存为 STL 文件（6）

四、L 型摆头固定件铸模切片生成

3D 打印分层图像生成工具（3DPSlice）是为数字化砂型打印精密成形机设计开发的一款三维模型分层图像生成工具。该工具可以将三维模型数据文件（STL 格式）转换为数字化砂型打印精密成形机可用的图片（BMP 或 PNG 格式）。接下来使用 3DPSlice V1.3.0.0 PRO 软件生成 L 型摆头固定件铸模的 3D 打印切片。

1. 设置参数

单击 3D 打印切片工具软件主界面上的"设置"按钮打开"设置"界面，如图 4-46 所示。

首先，根据设备所使用的 3D 打印头的分辨率和幅宽设置参数。分辨率为打印头的分辨率，单位为 DPI；幅宽为打印头在长度方向上的喷嘴覆盖的像素宽

图 4-46 3D 打印分层图像生成工具主界面（3）

度，单位为像素。这里以分辨率为 360DPI、幅宽为 1000 像素的打印头为例进行设置，如图 4-47 所示。

其次，根据设备安装打印头的情况设定每个打印头的有效图像打印幅宽。若设备仅安装了 1 个打印头，该打印头的有效图像打印幅宽即为打印头的幅宽。若设备安装了 1 个以上的打印头，由于机械加工及安装存在误差，很难达到多个打印头的无缝拼接。因此，设备在设计时采用打印头幅宽重叠的安装方式，如图 4-48 所示。图中有效图像的宽度即为其对应打印头的有效图像打印幅宽数值，单位为像素。该数值通常无法精确测出，可通过在纸上打印测试图案，根据所打印的图案效果进行调节，直至肉眼看不出图像重叠或者存在间隙。

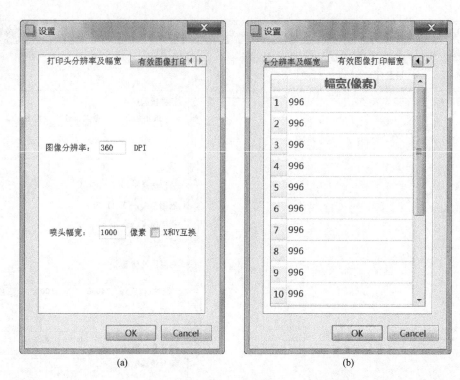

图 4-47　3D 打印分层图像生成工具参数设置界面（3）

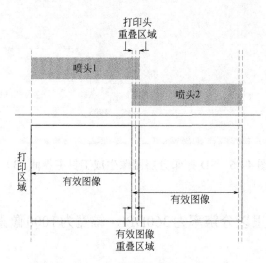

图 4-48　多打印头安装方式（3）

2. 载入模型

首先单击界面的"载入"按钮，弹出"打开模型"对话框，选取需要处理的模型文件，如图 4-49 所示；然后单击"打开"，成功加载后会弹出"模型已载入"的提示框，如图 4-50 所示。加载后会在主界面右侧显示该三维模型的尺寸信息，如图 4-51 所示。

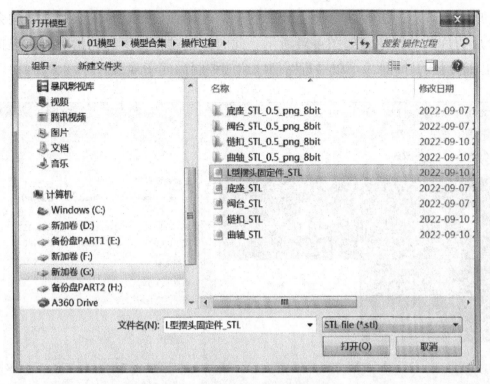

图 4-49　三维模型载入流程图（7）

图 4-50　"模型已载入"提示框（7）

图 4-51　三维模型载入后尺寸信息显示界面（7）

3. 模型分层切片

通过界面可设置模型分层切片的起始层高和每层厚度，如图4-52所示。上述选项设置完成后，即可点击"模型切片"按钮执行分层切片操作。分层切片执行完成后会弹出"切片已完成"提示框，如图4-53所示。

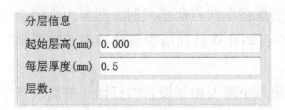

图 4-52　三维模型分层信息设置界面（7）

图 4-53　"切片已完成"提示框（7）

成功切片后，主界面右侧"分层信息"区域会显示切片的层数，左侧会显示分层切片预览图像，如图4-54所示。此时，通过左侧下方的滑块可以选择预览的当前层数，同时，可以进行图像的缩放控制，便于观察。

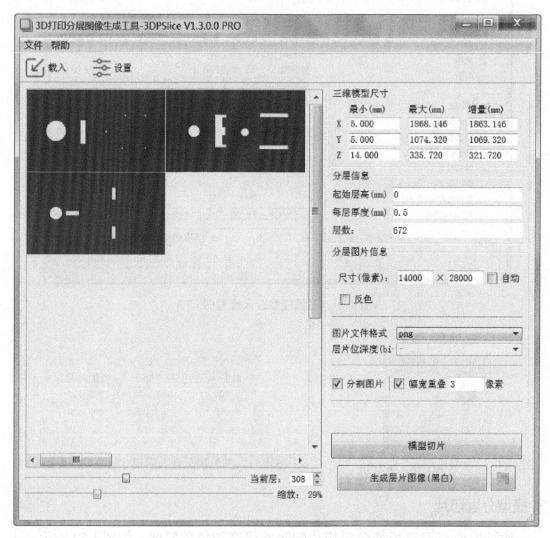

图4-54 三维模型分层切片图像预览界面（7）

4. 生成分层图像

（1）分层图像大小的设置　当设备工作在单向打印模式时，图像大小可以设置为"自动"，软件会根据模型的大小自动计算其在所设置分辨率下的图像大小。

当设备工作在双向打印模式时，图像大小需要根据设备的打印头数量及打印行程进行设定。其计算公式如下：

图像大小 X 值（像素）＝打印头数量×打印头幅宽

图像大小 Y 值（像素）＝打印行程（mm）×分辨率（DPI）/25.4

当设备为全幅宽打印机时，式中的"打印头数量"为实际打印头数量。当设备为半幅宽打印机时，式中的"打印头数量"为实际打印头数量的2倍。当设备为多Pass打印机时，式中的"打印头数量"为实际打印头数量与Pass数的乘积。

（2）生成图像格式的设置　生成图像的格式有3种可选，分别为1位深度BMP、4位深度BMP和PNG（8位深度）格式，如图4-55所示。

图4-55　生成图像格式设置界面（3）

（3）分割图像的设置　图4-56所示的分割图像格式设置界面中，若不勾选"分割图片"选项，执行"生成层片图像"操作时，仅会生成每一层的切片图像。勾选"分割图片"选项，执行"生成层片图像"操作时，在生成每一层切片图像的同时，会生成每层切片图像按照打印头幅宽分割的图像，如图4-56所示。

在勾选了"分割图片"选项后，可以选择勾选"幅宽重叠"功能。该功能能够弥补多打印头拼接时，拼接处由于墨水量偏少带来的强度降低问题。"幅宽重叠"的数值即为"有效图像重叠区域"，其含义为相邻的两个喷头在该区域会打印相同的图像数据，如图4-57所示。

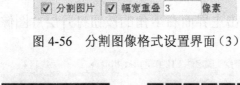

图4-56　分割图像格式设置界面（3）

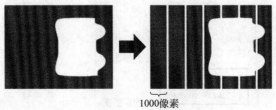

图4-57　每层切片图像按照1000像素幅宽分割示意图（3）

设置完成后即可执行"生成层片图像(黑白)"或"生成层片图像(灰度)"操作,执行成功后会有"分层图片已生成"提示框,如图4-58所示。

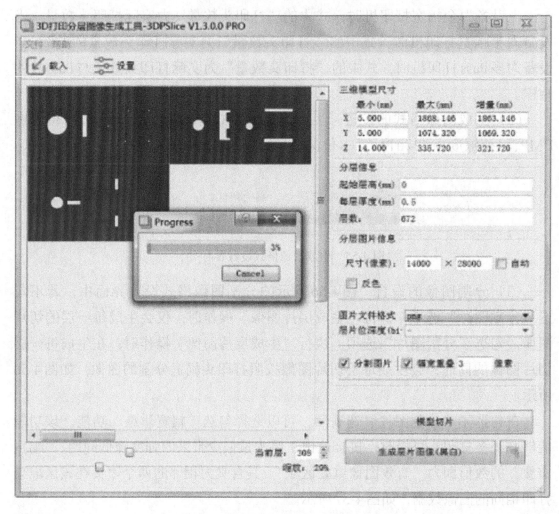

图4-58 生成层片图像执行流程图(7)

生成成功后,可以点击主界面右下角的按钮打开层片图像所在目录,如图4-59

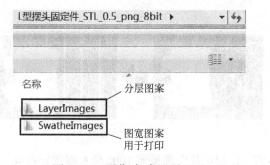

图4-59 图像生成目录(7)

所示。该文件夹目录下有"LayerImages"和"SwatheImages"两个文件夹，分别存放层片图像（PNG 格式）和所有层片根据特定幅宽分割后的图像（BMP 或 PNG 格式）。

打印时需要选择"SwatheImages"文件夹中的图像进行载入打印。

五、打印前墨路系统设置

（1）除非长时间无生产任务，否则应保持墨路系统运行，勿切断墨路系统电源。

（2）每次打印产品前均要检查墨路系统是否为正常状态及喷头通信是否正常。

（3）打印之前戴上橡胶手套将喷头贴片取下，用无尘布蘸取异丙醇擦拭一下喷头。

六、砂子的使用

（1）对设备混砂桶、转接槽、铺砂槽内部的砂子进行清理，并回收利用。

（2）砂箱进出。设备自动运行前，先手动操作将砂箱平台移动到左侧位置，向内调整位置后再移动到右侧，然后将砂箱固定气缸固定，点击砂箱搬运至右进电动机。这是个翻来覆去的过程。在砂箱平台运动过程中，操作人员一定要注意砂箱平台是否在规定位置及固定气缸必须打开。

（3）检查物料。首先检查盛放固化剂及树脂的容器是否足够，其次检查新旧砂的储砂桶内砂子是否足够。

（4）清理上砂机。产品打印之前将真空上砂机过滤容器内部的砂子清理干净，并将真空上砂机构上部的过滤网清理一下。

打印前查看单向阀和更换挤压管路位置，保证管路通畅。

七、打印注意事项

打印前及打印中的注意事项如下：

（1）设备在打印过程中如果出现故障，待故障清除后，打印故障前什么状态，就要恢复到什么状态，然后继续运行。

（2）打印过程中观察检测铺砂打印效果。

（3）如果出现设备必须初始化或者断电的现象，注意在重新加载图片时要从指定位置开始打印，只能加载奇数层图片。

（4）打印过程中过一段时间就要检查树脂及固化剂是否足够，如果不够要及时添加。

打印后的注意事项如下：

（1）产品打印结束，将设备打印X轴停在检修位置，擦拭打印喷头，贴上贴片，保证喷头处在保湿状态。

（2）打印完产品后至少等待一个小时才能将产品取出，然后清理设备内部及打印边框的砂子，并回收利用旧砂。

将混砂桶、转接槽、铺砂槽内的砂子清理干净，并清洁刮砂板。

八、设备维护指导书

3D打印设备维护保养作业指导书见表4-1。

表4-1 3D打印设备维护保养作业指导书

维护保养标准作业指导书	车间	设备编号	设备型号名称			版本号
	3D打印车间	2022072B001	高效数字化砂型打印精密成形机（MP2000）			A1
维护保养简述			维护保养目录			
维护保养的对象为高效数字化砂型打印精密成形机（MP2000）设备，主要由真空上砂机构、称重混砂机构、转接槽装砂机构及铺砂打印机构等部分组成。定期维护保养的内容主要有：①机械方面，包括各个轴（打印X、Y轴等）同步带的松紧磨损及砂箱升降轴的润滑磨损等情况；各部件的定时清理（储砂桶过滤网、真空上砂过滤器、混砂桶、转接槽、铺砂机构、清洁机构、蠕动泵管道及刮砂板等）。②精度方面，包括刮砂板及打印图案等；墨路系统和喷头的日常维护保养等。主要目的是减少设备磨损，消除隐患，延长设备使用寿命，提高生产效率，保证生产精度，为完成生产任务在设备方面提供保障			序号	保养部位	保养周期	页数	保养部门
			1	喷头	每次打印	2	制造工程部
			2	墨泵过滤器	每3月	2	制造工程部
			3	清洁机构	每次打印	2	制造工程部
			4	蠕动泵管道（压把侧）	每次打印	3	制造工程部
			5	蠕动泵管道（单向阀侧）	每月	3	制造工程部
			6	刮板清洁	每次打印	3	制造工程部
			7	刮板精度	每月	4	设备与安环部
			8	真空上砂过滤器、储砂桶过滤器、混砂桶、转接槽、铺砂槽等	频次不同（详见后面具体内容）	4	制造工程部

续表

维护保养标准作业指导书	车间	设备编号	设备型号名称			版本号
	3D打印车间	2022072B001	高效数字化砂型打印精密成形机（MP2000）			A1
安全注意事项	现场准备	9	设备内部及砂箱砂子	每次打印	4	制造工程部
1. 维护、检查作业应由两人进行，并定下一名负责人，相互保持联系。单独一人作业，有可能导致重大事故发生 2. 在进行维护、检查作业时，要通知监督人员、作业人员和周围的作业者，以免造成设备伤人事故。作业中应挂出"正在进行检查作业"的标识 3. 要穿戴好劳保用品（橡胶手套及口罩） 4. 进入机体切断电源	1. 按要求整顿设备现场 2. 准备相关工具和用品，包括口罩、橡胶手套、吸尘器、砂纸、刀片、内六角扳手、气枪、无尘布、工业酒精、喷头清洗液等	10	打印 X、Y 轴同步带的松紧	半年	5	设备与安环部
		11	砂箱升降轴的润滑	每月	5	设备与安环部
		12	储砂桶、混砂桶、漏砂口的密封性	每次打印	5	设备与安环部
		13	铺砂梁保养清洁	每次打印	6	制造工程部
		14	配电柜	每两月	6	制造工程部
		15	工作后整顿现场	每次打印后	6	制造工程部
核准	发布时间			第　页		共　页

九、增材制造工艺流程卡

增材制造工艺流程卡见表4-2。

表4-2　增材制造工艺流程卡

增材制造工艺流程卡				零件名称			工件结构图张贴处：
工件号： 排单码：		工件完成日期： 计划下发日期：		材质： 尺寸： 重量：			
序号	工序	工件编号	机台号	自检结果		备注	
1	方案设计			加工余量添加：【　】 铸造缩放比：【　】			
2	3D打印			外观：【　】 结构：【　】 尺寸：【　】			

续表

序号	工序	工件编号	机台号	自检结果	备注
3	铸造			结构:【 】 尺寸:【 】	说明: 1. 各工序的特殊要求添加至备注栏 2. 生产人员根据工艺流程卡领取加工工件,本工序加工完成后,进行自检并记录自检结果。自检结果合格,在【 】内划√;自检结果不合格,在【 】内划×,请备注不合格项 3. 工艺流程卡跟随产品一起向下个工序流转
4	机加工			外观:【 】 结构:【 】 尺寸:【 】	
5	后制程			件号刻录:【 】 表面处理:【 】	
6	品质检验			外观:【 】 结构:【 】 尺寸:【 】 性能:【 】	

 任务评价

任务评价表见表4-3。

表4-3 L型摆头固定件铸模的设计及打印任务评价表

评价项目	评价内容	评价标准	配分	综合评价
任务完成情况评价	浇注系统设计	1. 符合设计要求 20 分 2. 基本符合设计要求 8 分 3. 不符合设计要求不得分	20	
	分型定位设计	1. 符合设计要求 10 分 2. 基本符合设计要求 8 分 3. 不符合设计要求不得分	10	
	输出铸模 STL 文件	1. 符合输出要求 10 分 2. 基本符合输出要求 8 分 3. 不符合输出要求不得分	10	
	铸模切片生成	1. 符合操作要求 10 分 2. 不符合操作要求不得分	10	
	打印前墨路系统设置	1. 完成系统设置 5 分 2. 未完成系统设置不得分	5	

续表

评价项目	评价内容	评价标准	配分	综合评价
任务完成情况评价	正确使用及处理加工前后的砂子	1. 正确使用及处理砂子5分 2. 未正确使用及处理不得分	5	
	填写工艺流程卡 完成打印前后设备维护	1. 完成打印前、后各项工作10分 2. 未完成打印前、后各项工作不得分	10	
	独立完成零件打印	1. 完成零件打印10分 2. 未完成零件打印不得分	10	
职业素养	1. 遵守实训课堂纪律，做好个人实训安全防护措施	违反一次扣2分	5	
	2. 严格遵守安全生产规范，按规定操作设备	违反禁止性规定不得分	5	
	3. 严格按规程操作设备，使用后做好设备维护保养	违反一次扣2分	5	
	4. 具备团结、合作、互助的团队合作精神	违反一次扣2分	5	
总评			100	

任务二
链扣铸模的设计及打印

任务布置

链扣零件是某设备的重要组装零件，如图4-60所示。链扣的尺寸精度和表面质量要求较高，内、外轮廓复杂，不易加工，需要使用砂型3D打印技术完成该零件模具的打印加工。链扣零件的尺寸相对不大，在进行打印时一般是成对打印，如图4-61所示。要求合理地对链扣零件进行浇注系统和分型定位设计，设置上、下模支撑和切片的相关参数，最后进行链扣零件上、下模的砂型打印任务，完成零件检测及本任务的评价。

图4-60　链扣零件

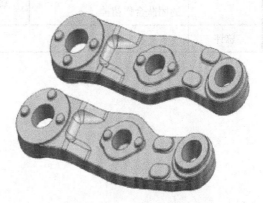

图4-61　一对链扣零件

任务目标

1. 理解链扣零件模具分型定位设计的原理。
2. 理解链扣零件浇注系统设计的原理。
3. 能使用UG软件完成链扣零件模具的分型定位设计。
4. 能合理制定链扣零件上、下模的打印加工工艺。
5. 能使用Magics软件完成链扣零件上、下模的切片处理。

6. 能独立完成链扣零件的打印操作。
7. 能独立完成链扣零件的检测和任务评价。

任务实施

一、链扣零件浇注系统的设计

根据链扣零件的结构特点设置横浇道、直浇道、浇口杯和浇口窝等，设置方法和参数要求正确合理，保证零件的浇注质量。

1. 设置横浇道

以链扣的顶面向下偏移50mm的位置为基准创建草图，绘制多边形（横浇道的轮廓），宽度为50mm，长度为580mm，如图4-62所示。注意该多边形的上下对称于底平面的圆心，长度和宽度尺寸合理即可，使用"拉伸"功能将横浇道的多边形轮廓向下拉伸5mm，向上拉伸25mm，如图4-63所示。

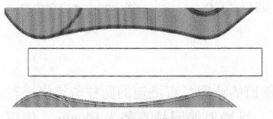

图4-62 横浇道草图轮廓

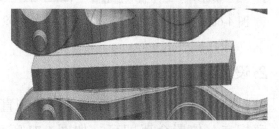

图4-63 横浇道轮廓

设置横浇道与两零件的连接通道，绘制草图，如图4-64所示。拉伸高度设置为向下5mm，得到横浇道连接通道，如图4-65所示。

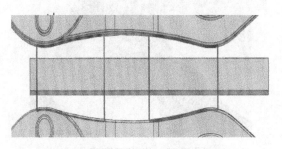

图4-64 横浇道连接通道草图

图4-65 横浇道连接通道

在横浇道下表面的右侧创建草图,如图4-66所示。向下拉伸实体20mm,得到如图4-67所示的实体。在下表面继续绘制草图,如图4-68所示,然后向下拉伸30mm得到如图4-69所示的实体。设置侧面的拔模角度为10°,该部位作为浇口窝在液态金属进行浇注时起到缓冲的作用,如图4-70所示。

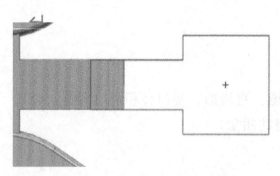
图4-66 横竖连接浇道草图

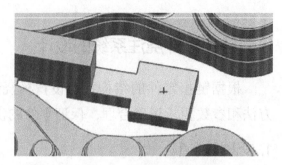
图4-67 横竖连接浇道

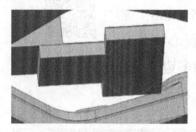
图4-68 浇口窝草图(2)

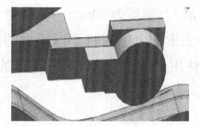
图4-69 浇口窝实体

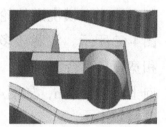
图4-70 浇口窝拔模

2. 设置浇口杯和浇口窝

以横浇道右侧上表面为基准绘制直浇道的草图,直浇道的圆柱与横浇道轮廓相交,位置合理即可,如图4-71所示。直浇道的圆柱直径为100mm,使用"拉伸"功能将其拉伸为圆柱体,拉伸的高度为30mm,拔模角度为40°,得到如图4-72所示的实体。

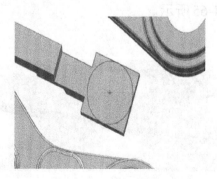
图4-71 上浇口窝草图

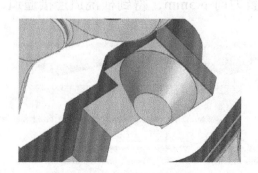
图4-72 上浇口窝实体

3. 设置直浇道

在浇口窝的上表面创建圆柱体，拉伸高度为300mm，并且向外设置10°的拔模角度，得到如图4-73所示的直浇道。

图4-73 直浇道（3）

4. 设置冒口

为了防止链扣零件在浇注时缩裂变形，同时也方便排气，在链扣零件的上表面和两侧对称设置了补缩冒口。上表面的冒口高度为195mm，如图4-74所示。两侧补缩冒口略低，约为125mm。链扣零件的浇注系统设计完成后如图4-75所示。

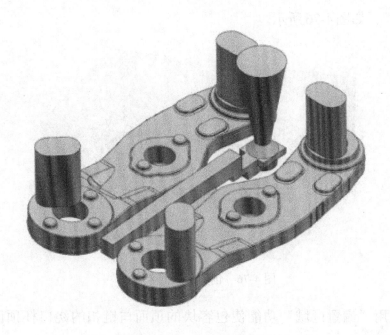

图4-74 上表面冒口

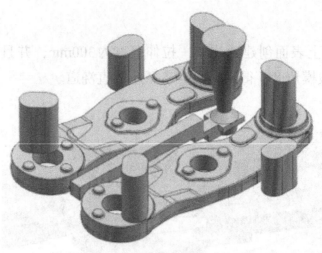

图 4-75　完整的浇注系统

二、链扣零件的分型定位设计

1. 创建包容体

（1）打开UG12.0软件，导入链扣零件模型。

（2）打开软件主菜单中的"注塑模向导"模块，单击工具栏中的"包容体"按钮弹出对话框，"类型"选择为"块"，"对象"选择"链扣零件"，"参数"—"偏置"输入"100mm"，其余参数默认即可。此时设置好了链扣零件的包容块，单击"确定"，如图4-76所示。

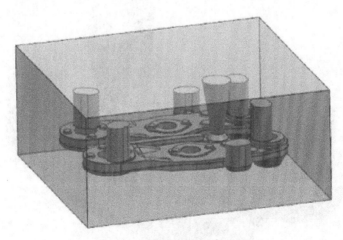

图 4-76　创建链扣的包容体

（3）使用"偏置区域"功能使包容块的顶面与链扣的浇口杯顶面平齐，即顶面向下偏移100mm，如图4-77所示。

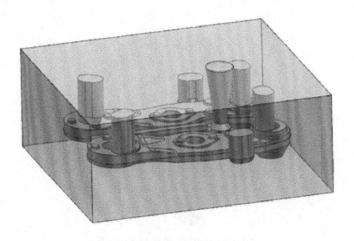

图 4-77　顶面偏移后的包容体（3）

2. 设置注塑模向导

（1）单击工具栏中的"减去"按钮弹出对话框,"目标"选择"包容块","工具"选择"链扣零件",单击"确定"。此时包容块内部有与链扣零件轮廓和尺寸一致的型腔,如图 4-78 所示,然后使用"移除参数"功能将链扣零件的包容块参数移除。

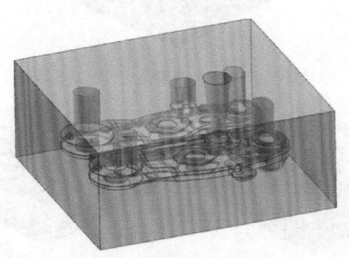

图 4-78　包容块内链扣的型腔

（2）单击工具栏中的"拆分体"按钮弹出对话框,"目标"选择"包容块","工具"—"工具选项"选择"新建平面",鼠标选择链扣横浇道的下表面,以该平面为基准将链扣的包容块分为两部分,单击"确定",如图 4-79 所示。

（3）将包容块的参数移除,分别隐藏两个包容块和链扣零件,检查内部型腔是否有问题,至此链扣零件的分型设计完成,如图 4-80 所示。

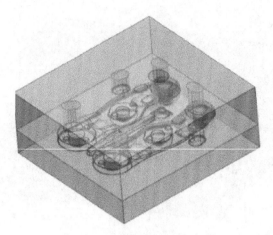

图 4-79　拆分链扣的包容块

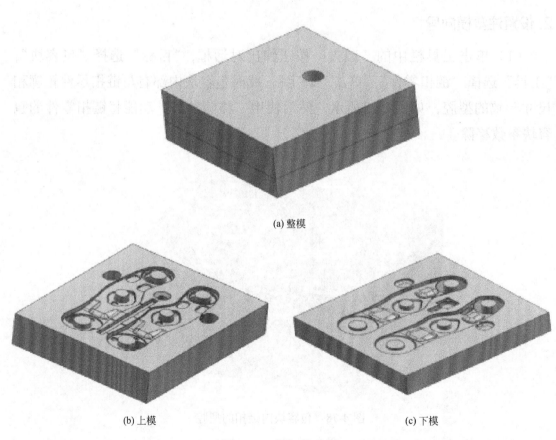

图 4-80　链扣的分模

（4）从上、下模可以看出，内部圆柱孔被横向切开。为了保证模具的精度，需要将圆柱孔的造型调整到一个砂模中，上、下模需要进行修改。将中间圆柱体部分和左侧圆柱体部分与上模拆分后合并到下模，如图 4-81 所示。修改后的上、下模如图 4-82 所示。

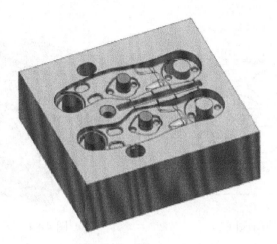

图 4-81 拆分后的下模

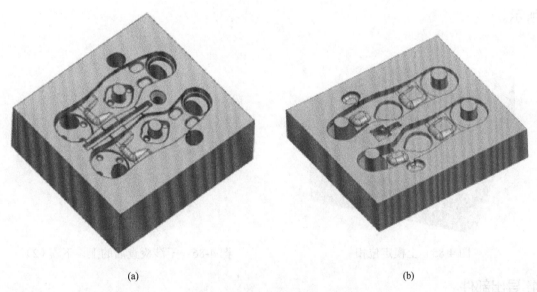

(a)   (b)

图 4-82 修改后的上、下模

3. 定位设计

（1）设置下模的定位圆锥体扣。以下模的分型面为基准绘制草图，在分型面距四个角的角点均为100mm的位置绘制直径为40mm的圆，如图4-83所示。使用"拉伸"功能将四个圆拉伸为圆柱体，高度为40mm，拔模角度为7°，定位扣的顶面边倒圆半径为"5mm"，将定位扣和零件合并，如图4-84所示。

（2）设置上模的定位圆锥孔。借助上一步骤创建好的定位圆锥体，使用"减去"功能（"目标"选择"上模"，"工具"选择"下模"）在上模做出与下模定位圆锥体一致的定位圆锥孔，圆锥孔边倒圆半径为"4mm"，如图4-85所示。将上、下模的参数移除，链扣零件的分型定位设计完成，保存零件即可。

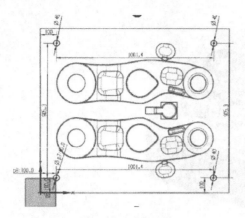
图 4-83　定位扣草图（2）

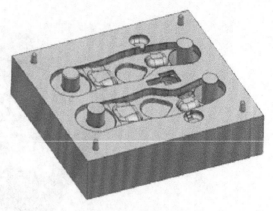
图 4-84　下模定位扣（2）

（3）检查干涉。将上、下模扣合在一起进行简单干涉的检查，如图 4-86 所示。

图 4-85　上模定位扣

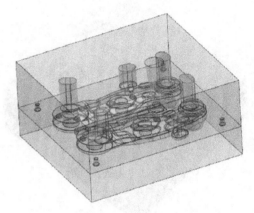
图 4-86　干涉检查后的上、下模（2）

4. 导出部件

将链扣的上、下模分别导出为单独的部件，根据需要保存为使用的格式，自行命名和保存文件即可。

三、输出链扣铸模 STL 文件

使用 Magics 进行零件摆放并输出 STL 文件。

1. 开启模型

开启 Materialise Magics 21 软件，依次单击"文件"—"载入"—"导入零件"，弹出"加载新零件"对话框，如图 4-87 所示。在对话框中选择文件，单击"开启文档"，打开链扣文件，开启后如图4-88所示。

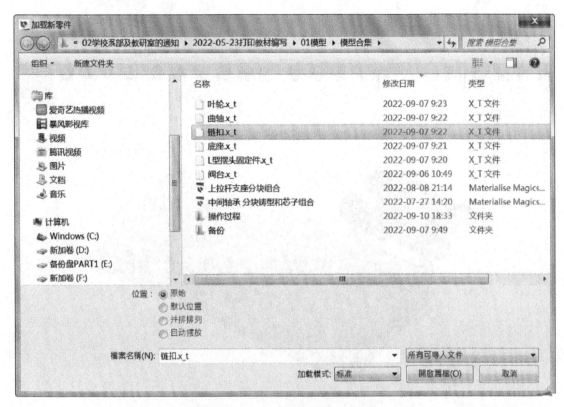

图4-87 "加载新零件"对话框（7）

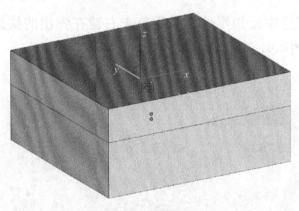

图4-88 链扣铸模模型

2. 调整零件位置

（1）单击"加工准备"选项卡下的"摆放&准备"按钮，在下级菜单中选择"自动摆放"，弹出"自动摆放"对话框，如图4-89所示；然后按默认设置单击"确认"，则链扣铸模的所有零件按设置自动分开，如图4-90所示。

图 4-89　自动摆放功能选择（7）

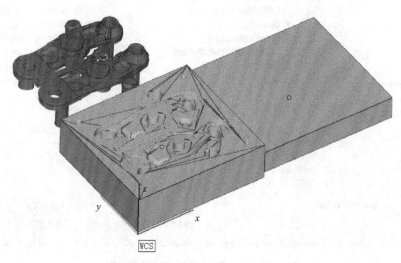

图 4-90　铸模零件自动摆放（7）

（2）单击左键选中链扣零件，然后单击右键在弹出的快捷菜单中选择"卸载所选零件"，如图 4-91 所示。

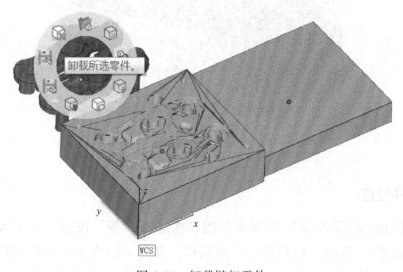

图 4-91　卸载链扣零件

剩余上、下模即为所需摆放的零件，但右侧下模需要使用旋转命令使其翻转180°，使该零件相对平整的表面朝下放置，如图4-92所示。

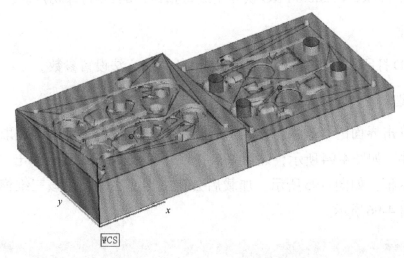

图4-92　摆放好的铸模零件（5）

3. 合并零件并输出STL文件

框选所有零件，单击"工具"选项卡中的"合并零件"，使其变为一个整体。选中此零件，在弹出的另存为对话框中设置路径和名称，单击"存档"保存输出链扣铸模的STL文件，如图4-93所示。

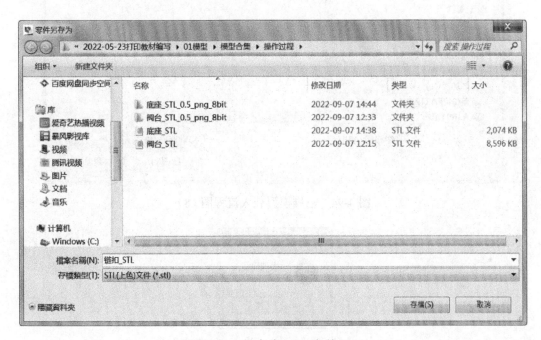

图4-93　另存为STL文件（7）

四、链扣铸模切片生成

使用3DPSlice V1.3.0.0 PRO软件生成链扣铸模的3D打印切片。

1. 设置参数

打开3D打印切片工具软件,按照之前任务的方法设置参数。

2. 载入模型

首先单击界面的"载入"按钮,弹出"打开模型"对话框,选取需要处理的模型文件,如图4-94所示;然后单击"打开",成功加载后会弹出"模型已载入"的提示框,如图4-95所示。加载后会在主界面右侧显示该三维模型的尺寸信息,如图4-96所示。

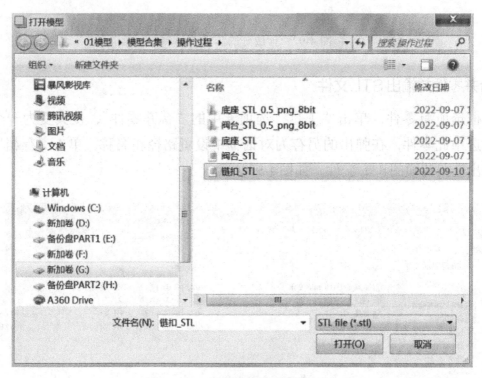

图 4-94 三维模型载入流程图(8)

图 4-95 "模型已载入"提示框(8)

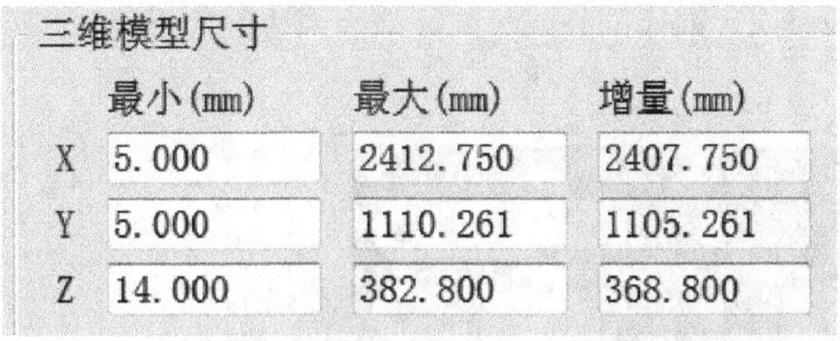

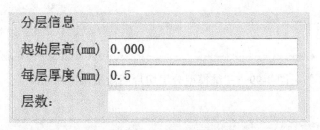

图 4-96　三维模型载入后尺寸信息显示界面（8）

3. 模型分层切片

通过该界面可设置模型分层切片的起始层高和每层厚度，如图 4-97 所示。上述选项设置完成后，即可点击"模型切片"按钮执行分层切片操作。分层切片执行完成后会弹出"切片已完成"提示框，如图 4-98 所示。

图 4-97　三维模型分层信息设置界面（8）

图 4-98　"切片已完成"提示框（8）

成功切片后，主界面右侧"分层信息"区域会显示切片的层数，左侧会显示分层切片预览图像，如图 4-99 所示。此时，通过左侧下方的滑块可以选择预览的当前层数，同时，可以进行图像的缩放控制，便于观察。

4. 生成分层图像

分层图像生成前，按之前的方法设置每层图像的大小、生成图像的格式及分割图像的大小。

设置完成后即可执行"生成层片图像（黑白）"或"生成层片图像（灰度）"操作，执行成功后会有"分层图片已生成"提示框，如图 4-100 所示。

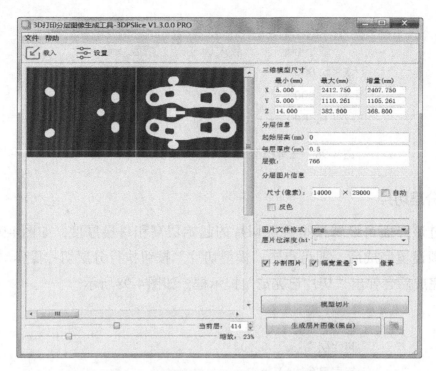

图 4-99　三维模型分层切片图像预览界面（8）

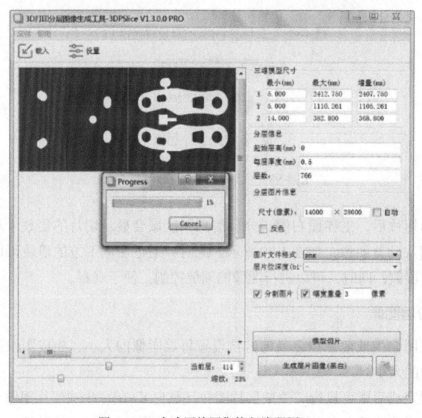

图 4-100　生成层片图像执行流程图（8）

生成成功后，可以点击主界面右下角的按钮打开层片图像所在目录，如图4-101所示。该文件夹目录下有"LayerImages"和"SwatheImages"两个文件夹，分别存放层片图像（PNG格式）和所有层片根据特定幅宽分割后的图像（BMP或PNG格式）。

打印时需要选择"SwatheImages"文件夹中的图像进行载入打印。

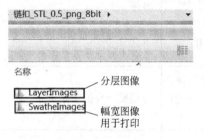

图4-101　图像生成目录（8）

打印前墨路系统设置、砂子的使用、打印注意事项、增材制造工艺流程卡见本项目任务一。

任务评价

任务评价表见表4-4。

表4-4　链扣铸模的设计及打印任务评价表

评价项目	评价内容	评价标准	配分	综合评价
任务完成情况评价	浇注系统设计	1. 符合设计要求20分 2. 基本符合设计要求8分 3. 不符合设计要求不得分	20	
	分型定位设计	1. 符合设计要求10分 2. 基本符合设计要求8分 3. 不符合设计要求不得分	10	
	输出铸模STL文件	1. 符合输出要求10分 2. 基本符合输出要求8分 3. 不符合输出要求不得分	10	
	铸模切片生成	1. 符合操作要求10分 2. 不符合操作要求不得分	10	
	打印前墨路系统设置	1. 完成系统设置5分 2. 未完成系统设置不得分	5	

续表

评价项目	评价内容	评价标准	配分	综合评价
任务完成情况评价	正确使用及处理加工前后的砂子	1. 正确使用及处理砂子 5 分 2. 未正确使用及处理不得分	5	
	填写工艺流程卡完成打印前后设备维护	1. 完成打印前、后各项工作 10 分 2. 未完成打印前、后各项工作不得分	10	
	独立完成零件打印	1. 完成零件打印 10 分 2. 未完成零件打印不得分	10	
职业素养	1. 遵守实训课堂纪律，做好个人实训安全防护措施	违反一次扣 2 分	5	
	2. 严格遵守安全生产规范，按规定操作设备	违反禁止性规定不得分	5	
	3. 严格按规程操作设备，使用后做好设备维护保养	违反一次扣 2 分	5	
	4. 具备团结、合作、互助的团队合作精神	违反一次扣 2 分	5	
总评			100	

任务三

阀台铸模的设计及打印

 任务布置

阀台零件是某设备的重要组装零件,如图4-102所示。阀台的尺寸精度和表面质量要求较高,内、外轮廓复杂,不易加工,需要使用砂型3D打印技术完成该零件模具的打印加工。要求对阀台零件进行浇注系统和分型定位设计,设置上、下模支撑和切片的相关参数,进行阀台零件上、下模的砂型打印任务,完成零件检测及本任务的评价。

图4-102 阀台零件

 任务目标

1. 理解阀台零件模具分型定位设计的原理。
2. 理解阀台零件浇注系统设计的原理。
3. 能使用UG软件完成阀台零件模具的分型定位设计。
4. 能合理制定阀台零件上、下模的打印加工工艺。
5. 能使用Magics软件完成阀台零件上、下模的切片处理。
6. 能独立完成阀台零件的打印操作。
7. 能独立完成阀台零件的检测和任务评价。

任务实施

一、阀台零件浇注系统的设计

根据阀台零件的结构特点设置横浇道、直浇道、浇口杯和浇口窝等，设置方法和参数要求正确合理，以保证零件的浇注质量。

1. 设置内浇道

以阀台的底平面为基准创建草图，在底平面绘制多边形（内浇道的轮廓），宽度为50mm，长度为700mm，如图4-103所示。注意该多边形的上下对称于底平面的圆心，长度和宽度尺寸合理即可。使用"拉伸"功能将内浇道的多边形轮廓向下拉伸25mm，如图4-104所示。

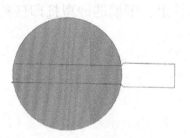

图4-103 创建草图（2）

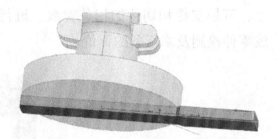

图4-104 偏置阀台的轮廓曲线

2. 设置横浇道

在内浇道上表面的右侧创建草图，分别绘制两个等宽的矩形，长度合理设置即可。第一个矩形向上拉伸50mm用作连接直浇道，如图4-105（a）所示；第二个矩形向下拉伸70mm，并且设置一定的拔模角度，该部位作为浇口窝在液态金属进行浇注时起到缓冲的作用，尺寸合理即可，如图4-105（b）所示。

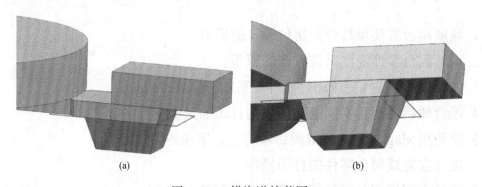

图4-105 横浇道的草图

3. 设置直浇道

以横浇道右侧上表面为基准绘制直浇道的草图,直浇道的圆柱与横浇道轮廓相交,位置合理即可。直浇道的圆柱直径为90mm,使用"拉伸"功能将其拉伸为圆柱体,拉伸的高度为−50～650mm,如图4-106所示。

图 4-106　设置直浇道(2)

4. 设置浇口杯和浇口窝

在直浇道的上表面再创建一个圆柱体,该圆柱体与直浇道的圆柱同心,直径设置为250mm,并且向下设置一定的拔模角度,该部位即为浇口杯。同理在直浇道的下表面创建一个半球体,与直浇道的圆柱同心,直径设置为100mm,该部位即为浇口窝。此步骤设置的浇口杯和浇口窝便于提高浇注的精度与质量,设置的参数正确合理即可,如图4-107所示。

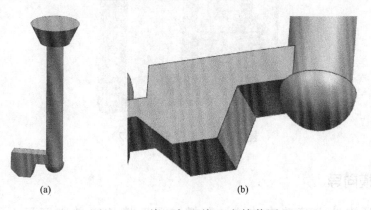

图 4-107　浇口杯和浇口窝的草图

5. 设置出气棒

为了阀台零件在浇注时方便排气，在阀台零件的底座和顶部的上表面各设置两个直径为50mm和40mm的圆柱体，拉伸的高度与浇口杯等高即可，如图4-108所示。至此阀台零件的浇注系统设计完成，如图4-109所示。

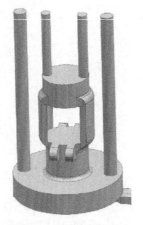 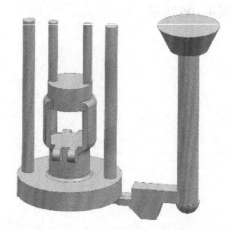

图4-108　设置出气棒（2）　　　　　图4-109　阀台零件的浇注系统

二、阀台零件的分型定位设计

1. 设置分型面

（1）打开UG12.0软件，导入阀台零件模型。

（2）根据阀台和浇注系统的特点，分型面设置在阀台和直浇道的圆心平面位置，如图4-110所示，然后单击"确定"关闭对话框。

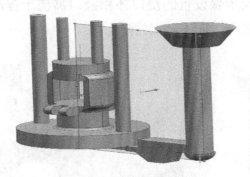

图4-110　设置分型面（2）

2. 设置注塑模向导

（1）打开软件主菜单中的"注塑模向导"模块，单击工具栏中的"包容体"按钮弹出对话框,"类型"选择"块","对象"选择"阀台零件","参数"—"偏置"输入"100mm",其余参数默认即可。此时设置好了阀台零件的包容块,单击"确定",如图4-111所示。

(2)使用"替换面"功能使包容块的顶面与阀台的浇口杯、出气棒顶面齐平,如图4-112所示。

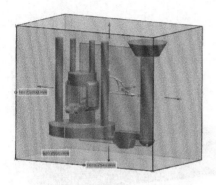 

图4-111　设置阀台的包容体　　　　图4-112　设置包容体(2)

3. 设置零件的包容体

(1)单击工具栏中的"减去"按钮弹出对话框,"目标"选择"包容块","工具"选择"阀台零件",单击"确定"。此时包容块内部有与阀台零件轮廓和尺寸一致的型腔,如图4-113所示,然后使用"移除参数"功能将阀台零件的包容块参数移除。

(2)单击工具栏中的"拆分体"按钮弹出对话框,"目标"选择"包容块","工具"—"工具选项"选择"新建平面",鼠标选择之前创建的分型面平面,以该平面为基准将阀台的包容块分为两部分,单击"确定",如图4-114所示。

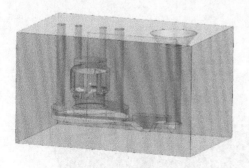 

图4-113　包容块内阀台的型腔　　　　图4-114　拆分阀台的包容块

(3)将包容块的参数移除,分别隐藏两个包容块和阀台零件,检查内部型腔是否有问题,至此阀台零件的分型设计完成,如图4-115所示。

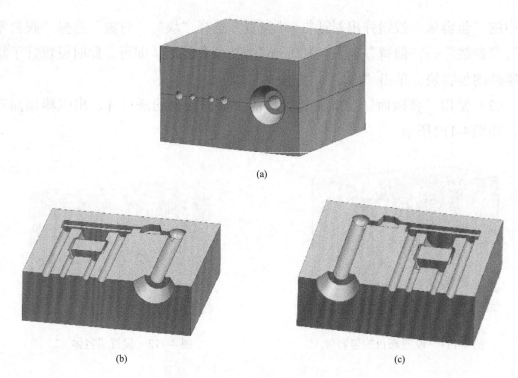

图 4-115 阀台的合模及上、下模

4. 定位设计

（1）设置下模的定位圆锥体。以下模的分型面为基准绘制草图，在分型面四个角的适当位置绘制四个直径为50mm的圆，使用"拉伸"功能将四个圆拉伸为圆柱体，高度为40mm，如图4-116（a）所示。

（2）使用"拔模"功能对四个圆柱体进行拔模，拔模角度为10°，圆柱体变为圆锥体，具有了模具的定位功能。定位圆锥体的顶面边倒圆半径为5mm，将圆锥体和零件合并，如图4-116（b）所示。

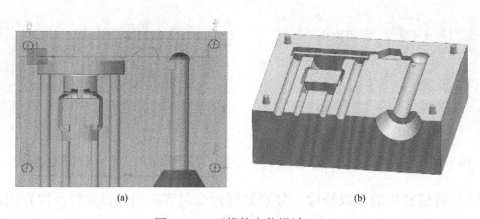

图 4-116 下模的定位设计（2）

(3)设置上模的定位圆锥孔。借助上一步骤创建好的定位圆锥体,使用"减去"功能("目标"选择"上模","工具"选择"下模"),在上模做出与下模定位圆锥体一致的定位圆锥孔,圆锥孔边倒圆半径为"5mm",如图4-117所示。将上、下模的参数移除,阀台零件的分型定位设计完成,保存零件即可。

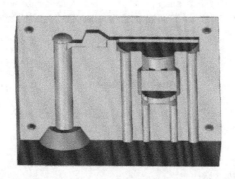

图4-117　上模的定位设计(2)

5. 导出部件

将阀台的上、下模分别导出为单独的部件,根据需要保存为使用的格式,自行命名和保存文件即可。

三、输出阀台铸模STL文件

Magics是Materialise公司针对快速成形开发的一款处理STL数据的软件,易学易用,功能强大。对于不同形状的零件,特别是有花纹、薄壁、螺纹等特征的零件,应有不同的摆放位置才能保证其加工质量。对于有花纹的零件,如果花纹向下就会使支撑和花纹接触,表面不是很光顺,而且在打磨过程中,会使花纹受到破坏;正确的摆放方式应当是使花纹面向上,保证表面的质量。对于螺纹零件,摆放时要保证螺纹能够和其他零件进行装配。还有就是要尽量在一次加工过程中做尽可能多的工件,这样既节省成本又节省时间。在本任务中主要使用Magics进行零件摆放并输出STL文件。

1. 开启模型

开启Materialise Magics 21软件,依次单击"文件"—"载入"—"导入零件",弹出"加载新零件"对话框,如图4-118所示。在对话框中选择文件,单击"开启文档",打开阀台砂模文件,开启后如图4-119所示。

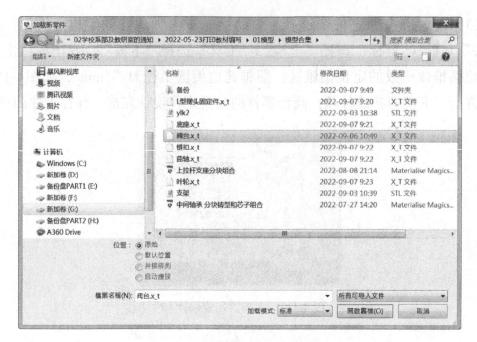

图 4-118 "加载新零件"对话框（8）

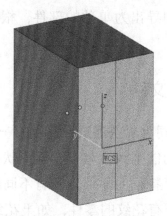

图 4-119 阀台砂模模型

2. 调整零件位置

（1）单击"加工准备"选项卡下的"摆放&准备"按钮，在下级菜单中选择"自动摆放"，弹出"自动摆放"对话框，如图 4-120 所示；然后按默认设置单击"确认"，则阀台砂模的所有零件按设置自动分开，如图 4-121 所示。

（2）单击左键选中阀台零件，然后单击右键在弹出的快捷菜单中选择"卸载所选零件"，如图 4-122 所示。选中图中左侧半模零件，单击"工具"选项卡中的"旋转"功能按钮，在弹出的"旋转"对话框中设置旋转角度 Y 为 90°，单击"应用"，如图 4-123 所示。用同样的方法将另一零件绕 Y 轴旋转 -90°，则此

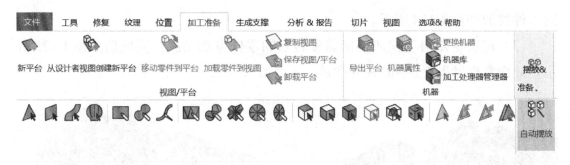

图 4-120　自动摆放功能选择（8）

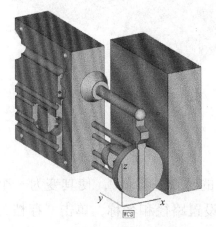

图 4-121　砂模零件自动摆放（8）

图 4-122　零件平移菜单及上模平移坐标系（2）

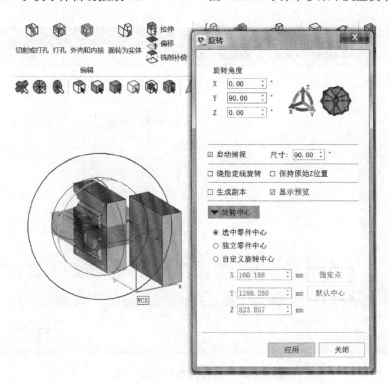

图 4-123　工件旋转设定

时零件摆放如图 4-124 所示。

（3）再次使用自动摆放功能将旋转后的零件自动摆放，完成后如图 4-125 所示。此次零件紧贴 XY 平面并列摆放。

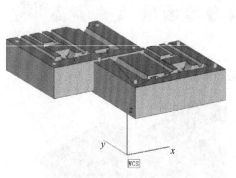 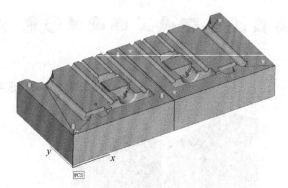

图 4-124　零件摆放位置　　　　　　　图 4-125　重新摆放的零件

3. 合并零件并输出 STL 文件

框选所有零件，单击"工具"选项卡中的"合并零件"，使其变为一个整体。选中此零件，在弹出的另存为对话框中设置路径和名称，单击"存档"保存输出阀台铸模的 STL 文件，如图 4-126 所示。

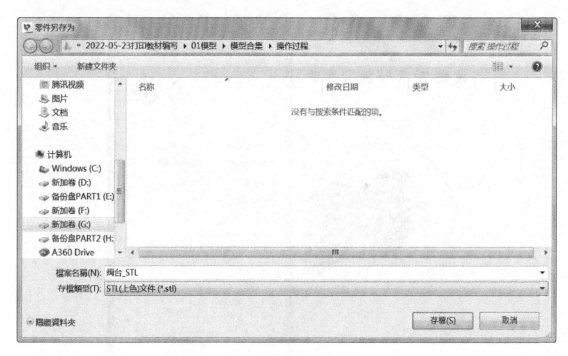

图 4-126　另存为 STL 文件（8）

四、阀台铸模切片生成

使用3DPSlice V1.3.0.0软件生成阀台铸模的3D打印切片

1. 设置参数

打开3D打印切片工具软件,按之前任务的方法设置参数。

2. 载入模型

首先单击界面的"载入"按钮,弹出"打开模型"对话框,选取需要处理的模型文件,如图4-127所示;然后单击"打开",成功加载后会弹出"模型已载入"的提示框,如图4-128所示。加载后会在主界面右侧显示该三维模型的尺寸信息,如图4-129所示。

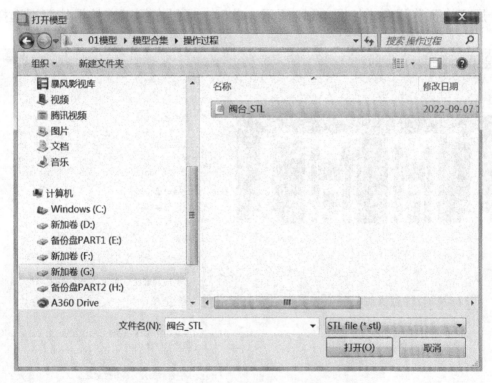

图4-127 三维模型载入流程图(9)

3. 模型分层切片

通过该界面可设置模型分层切片的起始层高和每层厚度,如图4-130所示。上述选项设置完成后,即可点击"模型切片"按钮执行分层切片操作。分层切片执行完成后会弹出"切片已完成"提示框,如图4-131所示。

图 4-128 "模型已载入"提示框(9)

图 4-129 三维模型载入后尺寸信息显示界面(9)

图 4-130 三维模型分层信息设置界面(9)　　图 4-131 "切片已完成"提示框(9)

成功切片后,主界面右侧"分层信息"区域会显示切片的层数,左侧会显示分层切片预览图像,如图 4-132 所示。此时,通过左侧下方的滑块可以选择预

图 4-132 三维模型分层切片图像预览界面(9)

览的当前层数，同时，可以进行图像的缩放控制，便于观察。

4. 生成分层图像

分层图像生成前，按之前的方法设置每层图像的大小、生成图像的格式及分割图像的大小。

设置完成后即可执行"生成层片图像（黑白）"或"生成层片图像（灰度）"操作，执行成功后会有"分层图片已生成"提示框，如图4-133所示。

生成成功后，可以点击主界面右下角的按钮打开层片图像所在目录，如图4-134所示。该文件夹目录下有"LayerImages"和"SwatheImages"两个文件夹，分别存放层片图像（PNG格式）和所有层片根据特定幅宽分割后的图像（BMP或PNG格式）。

打印时需要选择"SwatheImages"文件夹中的图像进行载入打印。

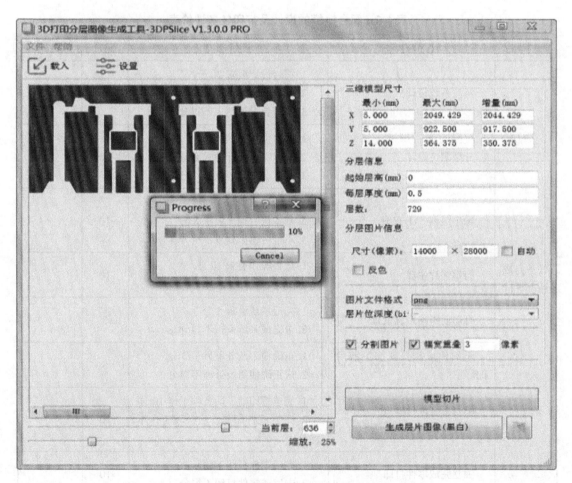

图4-133　生成层片图像执行流程图（9）

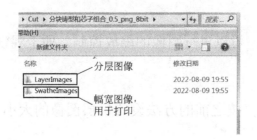

图 4-134　图像生成目录（9）

打印前墨路系统设置、砂子的使用、打印注意事项、增材制造工艺流程卡见本项目任务一。

任务评价

任务评价表见表 4-5。

表 4-5　阀台铸模的设计及打印任务评价表

评价项目	评价内容	评价标准	配分	综合评价
任务完成情况评价	浇注系统设计	1. 符合设计要求 20 分 2. 基本符合设计要求 8 分 3. 不符合设计要求不得分	20	
	分型定位设计	1. 符合设计要求 10 分 2. 基本符合设计要求 8 分 3. 不符合设计要求不得分	10	
	输出铸模 STL 文件	1. 符合输出要求 10 分 2. 基本符合输出要求 8 分 3. 不符合输出不得分	10	
	铸模切片生成	1. 符合操作要求 10 分 2. 不符合操作要求不得分	10	
	打印前墨路系统设置	1. 完成系统设置 5 分 2. 未完成系统设置不得分	5	
	正确使用及处理加工前后的砂子	1. 正确使用及处理砂子 5 分 2. 未正确使用及处理不得分	5	
	填写工艺流程卡 完成打印前后设备维护	1. 完成打印前、后各项工作 10 分 2. 未完成打印前、后各项工作不得分	10	
	独立完成零件打印	1. 完成零件打印 10 分 2. 未完成零件打印不得分	10	

续表

评价项目	评价内容	评价标准	配分	综合评价
职业素养	1. 遵守实训课堂纪律，做好个人实训安全防护措施	违反一次扣2分	5	
	2. 严格遵守安全生产规范，按规定操作设备	违反禁止性规定不得分	5	
	3. 严格按规程操作设备，使用后做好设备维护保养	违反一次扣2分	5	
	4. 具备团结、合作、互助的团队合作精神	违反一次扣2分	5	
总评			100	

高新科技知识拓展

选择性激光烧结快速成形技术（SLS）示例见表4-6。

表4-6 以发动机支架为例的3D打印技术

零件名称	成形工艺	材料	服务对象
连通管	选择性激光烧结快速成形技术——SLS	PSB粉末	济南市某铸造厂

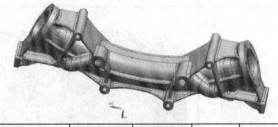
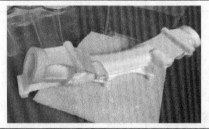

轮廓尺寸/mm	总重量/kg	模具设计周期/天	生产周期/天	个性化定制产品周期/（天/套）	合格率/%	加工数量/套	加工工时/(时/套)	备注
210×160×100	3.5	2	1	5	100	1	5.5×1	

说明：采用激光烧结成形技术可直接单件或者小批量生产塑料产品，可以大幅缩短制作周期

打印设备：

精密铸造蜡膜3D打印机主要是依靠SLS工艺用激光烧结PSB粉末逐层打印堆积成形，每层厚度0.1～0.25mm，打印精度为±0.2/200, 200mm以上为0.1%，尺寸为450mm×800mm×800mm。与传统的零件加工工艺相比，它最大的优点就是一次成形，不需要任何的工装模具，加工周期短

续表

零件模型的打印流程			
流程	内容	资源	备注
1. 零件模型的软件处理	1. UG 软件对模型进行修补或者设计，注意导出模型文件时为 STL 格式 2. Magics 软件对模型进行摆放定位、支撑设计等，制定打印的工艺，生成打印设备识别的文件 3. 在设备中导入零件生成的打印文件	UG 和 Magics 软件处理的视频	1. 使用 UG 软件修补时，要考虑该零件后面的工艺安排。例如该零件有加工的处理，需要将加工的位置通过建模留出余量 2. 使用 Magics 软件处理模型要充分考虑零件的摆放是否合理，打印时是否影响零件的结构、受力变形等
2. 零件模型打印	1. 打印设备预热，设置打印的相关参数 2. 观察模型的打印过程，确定打印的工艺正确性，有问题随时修改	拍摄操作打印设备的流程，对于重点内容做好记录	
3. 零件模型的后处理	1. 在打印机中取出零件模型 2. 清扫零件模型的粉末和支撑（注意保护零件的脆弱部分） 3. 渗蜡处理，在温度为 50℃ 的液态石蜡中浸泡零件，使石蜡包裹零件所有部位，提高零件表面质量	视频、照片	
4. 回收打印机未使用的 PSB 粉末	将打印机中未使用的 PSB 粉末清扫到回收槽中，做好回收	视频、照片	

续表

零件模型的打印流程			
流程	内容	资源	备注
5. 筛 PSB 粉末，倒回打印机的料仓	将打印机回收的 PSB 粉末筛一下，便于重复使用	照片	
6. 零件模型成品	将打印机和周边地面打扫干净	照片	
零件的蜡膜打印和铸造流程图	三维模型设计 → 通过电脑连接3D打印机 → 3D打印机打印 → 蜡模模型 → 制壳、浇铸 → 铸件产品		

❓ 课后作业

1. 支撑类铸模的设计特点是什么？
2. 简述砂型3D打印设备保养的注意事项。

参考文献

[1] T/CIE 114——2021 可移动文物三维数字化通用技术要求 古代文物.

[2] 张敬骥,阴曙. 数字化无模成形加工技术. 北京:化学工业出版社,2022.

[3] 单忠德. 无模铸造. 北京:机械工业出版社,2017.